Stefan Schultz

# »Wer lacht, hat noch Reserven«

## Die schönsten Chef-Weisheiten

Mit Cartoons von
Hauck & Bauer

Kiepenheuer & Witsch

Verlag Kiepenheuer & Witsch, FSC® N001512

3. Auflage 2021

© 2012, Verlag Kiepenheuer & Witsch, Köln
© SPIEGEL ONLINE GmbH, Hamburg 2012
© Cartoons von Hauck & Bauer
www.hauckundbauer.de

Umschlaggestaltung: Barbara Thoben, Köln
Gesetzt aus der Dante
Satz: Buch-Werkstatt GmbH, Bad Aibling
Druck und Bindung: CPI – Clausen & Bosse, Leck
ISBN 978-3-462-04413-3

# Inhalt

## TEIL 2   WISSEN

## TEIL 3   KÄMPFEN

## ANHANG

»Manche Chefs braucht man nicht zu parodieren.
Es genügt, dass man sie zitiert.«
Robert Neumann, Schriftsteller (1897–1975)


# Einleitung
# Die »Stromberg«-Republik

Folgende Szene könnte sich in so ziemlich jeder Branche abgespielt haben. Man kann sich den Chef einer Investmentbank vorstellen, einen Mann mit zurückgegelten Haaren, der die Finanz-Haie in seiner Abteilung zu Höchstleistungen anstachelt. Der Ausspruch könnte auch vom Boss einer Werbeagentur stammen. Tatsächlich war es ein Physik-Professor, der seinen Mitarbeitern mit folgenden Worten klarmachte, wie viele Lichtjahre er ihnen geistig voraus zu sein glaubte:

Längere Zeit hatte der Professor den Vorträgen seiner Hilfskräfte gelauscht. Da nahm er völlig unverhofft ein Blatt Papier und zeichnete die Umrisse eines Berges darauf. »Da sitzt Gott«, sagte er und tippte mit dem Kugelschreiber auf den Gipfel. »Da sitze ich.« Er tippte ins Zentrum des Bildes. »Und jetzt raten Sie mal, wo Sie sitzen?« Der Professor wartete kurz, dann ließ er den Kugelschreiber achtlos auf den Tisch fallen. »Nirgends. Sie sind gar nicht auf dem Bild.«

Die Leserin, die diese Anekdote schickte, wird noch immer wütend, wenn sie sich an ihren damaligen Chef erinnert. »Zweiundzwanzig Jahre ist das her«, sagt sie. »Doch ich könnte den Mann noch immer an die Wand klatschen.«

Ähnlich ergeht es täglich Millionen von Arbeitnehmern.

In vielen deutschen Büros scheinen Motivations-Rambos, Code-Meister und Narzissten das Sagen zu haben. Diesen Eindruck gewinnt man zumindest, wenn man die knapp 2500 Zitate liest, die SPIEGEL-ONLINE-Leser in den vergangenen Monaten in die Redaktion gemailt haben. Sie waren aufgerufen, Szenen und Zitate aus ihrem Arbeitsalltag einzuschicken, und die Redaktion hat die skurrilsten, witzigsten, aber auch besonders schockierende Sprüche veröffentlicht.

Ursprünglich war nur eine Mini-Serie geplant, ein wenig Zerstreuung für öde Stunden im Büro. Bald aber entwickelte sich ein größeres Projekt. Denn zusammen ergeben die Sprüche ein interessantes Mosaik. Spezielle Charakterzüge scheinen bei auffällig vielen Problem-Chefs aufzutreten. Es scheint eine Art Boss-Matrix zu geben.

Wie viele der 36,6 Millionen deutschen Angestellten tatsächlich einen Narzissten oder Sprücheklopfer zum Vorgesetzten haben, lässt sich dadurch freilich nicht einschätzen. Auch dem Führungskräfteverband ULA liegen dazu keine Zahlen vor. Es gebe »keine überzeugenden Anhaltspunkte«, dass ein gestörtes Mitarbeiter-Chef-Verhältnis in deutschen Firmen die Norm sei, teilt der ULA auf Anfrage lapidar mit.

Die Flut der Leserbriefe zeigt allerdings, dass die Zahl der Problem-Chefs in Deutschland auch nicht gerade sehr klein sein kann. Und noch etwas ist interessant: Die Zusendungen kamen aus ganz unterschiedlichen Branchen und Hierarchieebenen. Vom Kochlehrling bis zum Vorstandsvorsitzenden im Ruhestand meldete sich so ziemlich jeder zu Wort.

»Jedes Büro ist im Kern gleich«, sagte Ralf Husmann, Erfinder von Deutschlands wohl berühmtestem Büro-Ekel, dem Versicherungsabteilungsleiter »Stromberg«, in einem Telefoninterview für dieses Buch. »Egal, ob Sie in einer Werbeagentur arbeiten oder im Verteidigungsministerium. Sie finden überall dieselben Mechanismen.«

Wer 2500 Chef-Sprüche liest, ist geneigt, das zu glauben. Es beschleicht einen das Gefühl, dass wir in einer Art »Stromberg«-Republik leben.

Nur: Warum demotivieren Chefs ihre Mitarbeiter so oft, wenn sie sie eigentlich anspornen wollen? Warum sind Boss-Witze oft so unlustig? Und was denkt Ihr Chef eigentlich über Sie? In diesem Buch sollen Sie nicht nur herzlich über Ihren Vorgesetzten lachen. Sie sollen auch Antworten auf solche Fragen finden.


## Die Psyche des Chefs

Vielleicht kennen Sie den Film »Being John Malkovich«. In der Geschichte entdeckt der Puppenspieler Craig Schwartz eine Geheimtür, die direkt in den Kopf des bekannten Schauspielers führt. Er geht hindurch und sieht die Welt durch Malkovichs Augen. Er spürt das Frotteehandtuch, mit dem sich Malkovich nach dem Duschen abrubbelt; er flirtet mit der Frau, die Malkovich im Restaurant gegenübersitzt. Für eine Viertelstunde *ist* er Malkovich. Dann wird er auf einem Hügel neben einem Highway vor New York wieder aus Malkovichs Hirn ausgespuckt.

Stellen Sie sich nun vor: Es gibt eine solche Geheimtür in Ihrem Büro. Sie führt direkt in den Kopf Ihres Chefs. Sie können hindurchgehen, in sein Hirn schlüpfen, die Welt durch seine Augen sehen.

In den folgenden Kapiteln werden Sie genau das tun und sich dabei hoffentlich gut unterhalten fühlen. Sie lesen eine Auswahl der besten und lustigsten Chef-Weisheiten, und Sie erfahren, wie Managerberater, Arbeitspsychologen,

Schlagfertigkeitstrainer und Menschen, die selbst Chef sind oder es einmal waren, diese Sprüche deuten. Welche psychologischen und gesellschaftlichen Phänomene sich hinter den Bonmots der Bosse verstecken.

Abgerundet wird dieses kleine Buch durch einen Selbstverteidigungskurs für chefgeplagte Angestellte. In diesem lernen Sie, Ihren Chef ein Stück weit zu manipulieren. So wie der Puppenspieler Craig Schwartz in »Being John Malkovich«: Der lässt den Schauspieler am Ende des Films wie eine Marionette tanzen.

Sie stehen jetzt vor der Geheimtür, vor dem Tunnel in den Kopf Ihres Chefs. Blättern Sie um und treten Sie hindurch.

1. Teil

LACHEN

Kapitel 1

# Der Narziss
## Wie Chef sich selbst sieht

Ein luftiger Schreibtisch vor einem abstrakten Gemälde, schwarzer Teppich, vor der Fensterfront leuchten die Lichter der Großstadt. Der Chef sitzt im schwarzen Ledersessel und telefoniert. Die Tür steht ein Stück weit offen, gerade weit genug, damit seine Stimme zu den Mitarbeitern hinausdringt.

»Keine Sorge«, hört man ihn sagen. »Ich schicke meinen besten Mann.« Er rückt sich die Krawatte zurecht. »Ich komme selbst.«

Er legt auf und geht hinüber zum Konferenztisch. Wenig später erscheinen seine Abteilungsleiter zum Meeting. Der Boss lehnt sich im Sessel zurück und lässt einen längeren Vortrag von Frau Baumann über sich ergehen. Sie redet von irgendwelchen Projekten, von denen er ehrlich gesagt noch nie was gehört hat. Vielleicht hätte er auf den letzten Sitzungen besser aufpassen sollen, doch das Konzentrieren fällt ihm in letzter Zeit zunehmend schwer. Der Chef blickt durch Frau Baumann hindurch ins Unendliche.

… »Sinnvolle Sache«, sagt sie gerade. »Nur leider wohl nicht im Zeitplan. Eine solch zentrale Entscheidung sollte nicht wegen Stress …«

»Stress?« Der Chef lehnt sich noch weiter zurück. Er

verschränkt die Hände hinter dem Kopf, seine Arme stehen im rechten Winkel von seinem Kopf ab. »Stress ist was für Leistungsschwache.«

»Ich fürchte, wir reden aneinander vorbei«, sagt Frau Baumann. Es soll versöhnlich klingen. »Das Personal ...«

»Frau Baumann«, unterbricht der Chef. »Wir reden nicht aneinander vorbei. *Sie* verstehen mich nicht.«

Millionen von Angestellten müssen sich mit Chefs herumärgern, die glauben, dass es ohnehin nur einen im Laden gibt, dem sie bedingungslos vertrauen können: sich selbst.

Nicht selten steigert sich dieser Größenwahn mit der Zeit sogar noch. Erst denkt der Chef, er sei allwissend. Dann glaubt er, er sei Superman. Und irgendwann ist er überzeugt: »Ich bin größer als Gott.«

Woher kommt das? Verdirbt Chefsein den Charakter?

## Von Häuptlingen und Rednern

»Jeder neigt dazu, sich und die eigenen Fähigkeiten ein wenig zu überschätzen«, sagt Dieter Zapf, Leiter der Abteilung Arbeits- und Organisationspsychologie an der Johann-Wolfgang-Goethe-Universität in Frankfurt am Main. Das ist im Grunde auch gut so, zumindest ist es gesund. »Menschen, die sich nicht überschätzen, würde man rasch als depressiv wahrnehmen«, sagt Zapf.

Bei Führungskräften aber scheint sich das Selbstbild mit der Zeit besonders zu verzerren. Die Organisationspsychologin Viviana Abati hat dieses Phänomen untersucht. In ihrer Diplomarbeit bat sie Führungskräfte, die eigenen Fähigkeiten einzuschätzen. Danach fragte sie Kollegen und Mitarbeiter, welchen Eindruck sie vom Chef haben. Das

Ergebnis: Chefs sehen sich in wichtigen Punkten deutlich positiver, als sie von Kollegen beurteilt werden.

Viele der befragten Chefs dachten zum Beispiel, dass sie Kollegen eine starke Wertschätzung entgegenbringen und dass sie sich gut in die Lage ihrer Mitarbeiter hineinversetzen können; sie glaubten, Anteilnahme für die Probleme ihrer Angestellten zu zeigen und ihren Untergebenen viele Freiheiten zu lassen; und sie glaubten, sich Andersdenkenden gegenüber tolerant zu verhalten. In Wahrheit sprachen ihnen nur sehr wenige Kollegen diese Eigenschaften zu.

Warum klaffen Selbst- und Fremdwahrnehmung bei Chefs oft so weit auseinander? Psychologe Zapf sagt: Weil die Arbeitswelt voller narzisstischer Versuchungen ist. Sie eröffne Personen mit großem Ego oft die besten Aufstiegschancen. Größenwahn, an sich eine menschliche Schwäche, sei in der Arbeitswelt oft karrierefördernd.

Aus Sicht des Unternehmens ergibt das durchaus Sinn. Immerhin muss der Chef die Firma repräsentieren. Und wer schon die Kollegen mit seinem Riesenego beeindruckt hat, schafft das vermutlich auch bei Geschäftspartnern und Kunden. An die Kraft des Blenders glaubten übrigens schon die alten Azteken: Deren Bosse waren in erster Linie Rhetoriker. Sie benutzten nach Angaben des Sprachwissenschaftlers Rudolf Kaiser sogar für »Häuptling« und »Redner« dasselbe Wort.

## Wie sich Wahrnehmung verzerrt

Die Bevorzugung des Riesenegos hat aber auch einen gravierenden Nachteil: Wer ständig betont, wie toll er ist, der fühlt sich irgendwann auch so. Die Selbstdarstellung wird zur Selbstwahrnehmung; der Chef blendet dann nicht mehr nur die anderen, sondern auch sich selbst.

Seine verzerrte Selbstwahrnehmung wird dadurch begünstigt, dass ihm fast niemand mehr die Meinung sagt. Aus Sorge um die eigene Karriere halten sich die Angestellten mit Kritik zurück. Sie schweigen, wenn der Chef Fehler macht, Dinge falsch einschätzt, falsche Entscheidungen trifft. Und die meisten lachen auch über seine Witze, selbst wenn die gar nicht lustig sind.

So wird das Büro für den Chef zum Spiegelkabinett: Er liest in den Gesichtern der Angestellten nur noch Zustimmung, und irgendwann glaubt er, dass das, was er sieht, die Wirklichkeit ist. Es ist wie in der Geschichte von Narziss, dem eitlen Jüngling, der sich eines Tages über einen See beugte und in sein eigenes Spiegelbild verliebte.

*Diese Metamorphose lässt sich anhand der Chef-Sprüche, die SPIEGEL-ONLINE-Leser eingeschickt haben, gut nachzeichnen. Sie werden gleich dem Narzissten begegnen, der im Kopf Ihres Chefs haust; werden beobachten, wie er sich aufplustert, mehr und mehr Raum beansprucht und in zunehmender Tolltrunkenheit durch das Boss-Hirn torkelt. Und Sie werden erleben, dass andere zum Beispiel Dr. Anstand und Mr. Vernunft, den Narzissmus schließlich nicht mehr aushalten – und fliehen. Um den fortschreitenden Größenwahn in all seinen Facetten zu erfassen, wurden die Chef-Zitate mit einem zusätzlichen Kommentar versehen.*

# Von Großkotz bis Gott – die Psychopathologie des Chefs in fünf Stufen

## Stufe 1. Erkenne dich selbst

*»Ich kann auch nicht alles. Aber was ich kann, kann ich besser.«*
Ein guter Chef ist sich stets seiner Grenzen bewusst.

*»Wer ich bin? Ich bin die Eins, die euch Nullen vorsteht, damit ihr überhaupt was wert seid.«*
Mathematisierte Top-Bottom-Logik

*»Ich bin wie ein Kreuzfahrtschiff. Wenn ich untergehe, nehme ich eine Menge Leute mit.«*
… außer den Ratten, die vorher abhauen.

*»Ja, wenn ihr mich fragt, wie ich auf 30 % Margenziel gekommen bin: Das ist mir halt so eingefallen. Da hab ich mir weiter nichts bei gedacht, ich hätte auch jede andere Zahl nehmen können.«*
1 % Business-Plan, 99 % Rendite-Roulette

*»Was schauen Sie mich so an? Hab ich einen Orang-Utan auf der Schulter sitzen?«*
Der Alpha-Primat erkennt sich aus Versehen selbst.

*»Können Sie lesen? Auf meinem Namensschild steht ›Meyer‹. Nicht ›Copperfield‹.«*
Der Chef kann auch nicht zaubern.

*»Macht sieht nur von unten arrogant aus.«*
Begegnung auf Augenhöhe

»›Projektleiter‹ steht nur auf Schultern, die breit genug sind.«
Kompetenzen-Kraftmeierei

»Meinst du etwa, ich lese jede E-Mail?«
Selbsteinschätzung eines Kontrollfreaks, der in jedem E-Mail-Verteiler ist

»Viel Arbeit hat noch keinem geschadet. Das sehen Sie ja an mir.«
Selbsteinschätzung eines Geschiedenen

## Stufe 2. Füttere dein Ego

»Ach, was reg ich mich auf! Wenn ich mir was beweisen will, gehe ich zur Arbeit. Da habe ich 250 Leute unter mir.«
Frustbewältigung nach verlorenem Golfspiel

»Ihr müsst erst mal Scheiße riechen, bevor ihr einen Posten wie meinen bekommt.«
Auch in der Abwasserentsorgung sind Führungskräfte gefragt.

»Herr B. kommt auch mal mit einer Verbeugung ins Zimmer und sagt: ›Chef, Sie hatten recht!‹ Sie tun das nie.«
Herr B. wurde befördert.

## Stufe 3. Finde deinen Platz im Universum

»Da, wo ich bin, ist vorne.«
Wegweiser zum Erfolg

»Hier geht's nach Gehaltsliste, also ich zuerst.«
Der Herr schreitet vorneweg ...

»*Teamwork ist, wenn alle machen, was ich sage.*«
… die Diener folgen.

»*Was hier im Hause mitbestimmungspflichtig ist, bestimme
immer noch ich.*«
Leitlinie für den Betriebsrat

»*Ein Chef ist ein Mensch, der es versteht, mit den Köpfen
anderer zu denken.*«
Management à la Störtebeker

»*Nicht die Größe der Karawane ist entscheidend, sondern
die Weisheit, mit der sie durch die Wüste geführt wird.*«
Genau! Immer der Fata Morgana folgen.

*Angestellter:* »*Chef, kann ich Ihnen irgendwie helfen?*«
*Chef:* »*Ich brauch keine Hilfe. Das ist allein schon schwer
genug.*«
Nicht nur Mitarbeiter wissen manchmal nicht weiter, auch ein
Chef fühlt sich gerne mal alleingelassen.

»*Ich schicke den besten Mann aus meinem Team.
Ich komme selbst.*«
Ein guter Chef weiß immer, auf wen er sich verlassen kann.

»*Es kann nicht nur Häuptlinge geben.*«
… und wenn die Stammesältesten dann doch mal Bilanz-
unregelmäßigkeiten in den ewigen Jagdgründen entdecken,
dann sagt Winnetou:
»*Für Probleme bin ich nicht zuständig.*«

An diesem Punkt ist der Narzissmus des Chefs bereits so weit fortgeschritten, dass sich die Welt vor seinen Augen zu verformen beginnt. Er denkt nun, er sei nur noch von Trotteln umgeben, von Taugenichtsen und Tagelöhnern – und nur er allein könne noch dafür sorgen, dass die Firma nicht jeden Moment untergeht. Ab hier beginnt der Aufstieg ins Chef-Nirwana, die Loslösung von der nun alsbald viel zu profanen Alltagswelt.

## 4. Finde Erleuchtung

»*Ihr Platz in der Nahrungskette ist Lichtjahre hinter mir.*«
Intergalaktische Raumvermessung

»*Wer kann es schon mit mir an Intelligenz aufnehmen?*«
Mantra der Allwissenheit

*Chef:* »*Sie sind eine komplette Geldverschwendung.*«
*Angestellter:* »*Woran machen Sie das fest?*«
*Chef:* »*Ich sehe es an der Art, wie Sie sitzen und laufen.*«
Vorsicht! Der Chef sieht alles.

»*Wenn ich jemandes Schuhe sehe, weiß ich, wie es in seiner Unterhose aussieht.*«
Röntgenblick

»*Ich bin Chef, ich muss wissen, wie das geht.*«
Ein Chef beherrscht die Kunst, sich Wissen per Osmose anzueignen, …

»*Ich bin Chef, ich muss nicht wissen, wie das geht.*«
… es sei denn, er ist über diesen Punkt bereits hinaus.

## 5. Transzendiere

*»Sehen Sie das Loch in meiner Hand? Nein?*
*Ich bin auch nicht Jesus.«*
Der Chef will kein Märtyrer sein.

*»Wenn Gott keine Zeit hat: Fragen Sie mich.«*
Herzchirurg während einer OP

*»Ich bin zwar nicht der liebe Gott, aber ich komme*
*direkt danach.«*
Kosmische Selbstverortung

*»Ich bin dein Gott.«*
Apotheose des Manager-Egos

*»Ich bin nicht Gott. Gott hat Mitleid.«*
Blasphemie

## Lernen von den Besten

»Was soll das heißen – die Umstände? Ich bestimme, welche Umstände herrschen.«
Napoléon Bonaparte, glückloser Feldherr

»Der Staat bin ich.«
Wird oft dem französischen Sonnenkönig Louis XIV. in den Mund gelegt.

»Ich bin der Größte.«
Muhammad Ali, Boxer

»Es ist möglich, man weiß es nie, dass das Universum nur für mich existiert. Wenn es so ist, dann läuft es sehr gut für mich, wie ich zugeben muss.«
Bill Gates, Microsoft-Gründer

»Mit mir hätte es keine Insolvenz gegeben.«
Thomas Middelhoff, Ex-Arcandor-Chef, im März 2011 über die Insolvenz des Konzerns, für die Kritiker ihm die Mitschuld geben

»Veni, vidi, vici.« – »Ich kam, sah und siegte.«
Julius Caesar, römischer Kaiser

*»So ein dünner, nervöser Krischpel, der wird dünnhäutiger sein als einer, der ein bisschen Sprungmasse hat wie ich: 85 Kilogramm bei 1,74 Meter. Ich glaube, das hilft.«*
Hartmut Mehdorn, Ex-Bahn-Chef, inzwischen Air-Berlin-Chef[*]

*»Großartige Firmen beginnen mit großartigen Anführern.«*
Steve Ballmer, Microsoft-Anführer

*»Welch ein Künstler geht mit mir zugrunde.«*
Nero, römischer Kaiser, angeblich kurz vor seinem Selbstmord

[*]   aus: Heidtmann, Jan; Nolte, Barbara: Die da oben. Innenansichten aus deutschen Chefetagen, Suhrkamp, 2009

Wie war das Wort?
Mitarbeitermitbestimmung.
Sagen Sie das Wort nochmal!
Mitarbeitermitbestimmung.
Nochmal!
H&B

# Kapitel 2

# Das Büro-Ekel
# Wie Chef Sie sieht

Haben Sie manchmal das Gefühl, dass Ihr Chef Sie nicht kennt? Dass er denkt, Sie seien jemand anders?

Sie sind nicht allein. Laut einer Umfrage, die das Marktforschungsinstitut Gallup 2010 unter 1920 Angestellten durchgeführt hat, klagen viele Mitarbeiter über mangelnde Kommunikation mit ihrem Vorgesetzten. Nur drei von zehn Beschäftigten haben demnach das Gefühl, dass Interesse an ihnen als Mensch vorhanden ist. Nur jeder siebte gab an, er habe mit seinem Chef schon ein gehaltvolles Gespräch über die eigenen Stärken geführt.

Wüssten Sie gerne, was Ihr Chef wirklich über Sie denkt? Sie können es herausfinden: mit dem sogenannten Kommunikationsquadrat des Psychologen Friedemann Schulz von Thun. Der stellte fest, dass wir stets auf vier Ebenen kommunizieren. Selbst wenn wir nur einen einzigen Satz sagen, sagen wir vier Dinge. Für Sie bedeutet das:

- Ihr Chef teilt Ihnen eine Information mit (Sachebene).
- Er zeigt Ihnen, was er über Sie denkt (Beziehungsebene).
- Er gibt preis, was er über sich selbst denkt (Selbstoffenbarungsebene).
- Und er fordert Sie zu etwas auf (Appellebene).

Selbst kurze Sätze enthalten schon all diese Botschaften. Ein einfaches Beispiel:

Sie kommen ins Büro und sehen, dass Ihr Chef arg gestresst ist. Mit verkniffenen Mundwinkeln sitzt er vor dem Bildschirm und scheint zehn Dinge gleichzeitig zu tun. Sie fassen sich ein Herz und bieten ihm Hilfe an: »Kann ich Ihnen was abnehmen?« Ihr Vorgesetzter antwortet nur: »Es reicht schon, wenn Sie mich nicht stören.« Er löst den Blick dabei noch nicht einmal vom Monitor.

Was lässt sich aus diesem Satz herauslesen?

- **Sachebene:** Der Chef braucht keine Hilfe.
- **Beziehungsebene:** Er traut Ihnen nicht viel zu.
- **Selbstoffenbarungsebene:** Er hält sich für die einzige Person, die das Problem lösen kann.
- **Appellebene:** »Lassen Sie mich gefälligst in Ruhe!«

Wenn man die vielen Sprüche, die SPIEGEL-ONLINE-Leser eingeschickt haben, mit Hilfe des Kommunikationsquadrats analysiert, stößt man immer wieder auf dieselben Botschaften: Bosse scheinen ihre Mitarbeiter nicht als vollständige Menschen wahrzunehmen, sondern als Strichmännchen. Das Bild, das der Chef von seinen Mitarbeitern hat, ist stark verzerrt.

»Der Angestellte wird oft auf seine Rolle als Funktionsträger reduziert«, sagt Arbeitspsychologe Zapf. »Man kennt das aus Krankenhäusern. Ärzte reden oft von der ›Leber auf Zimmer 23‹ und nicht von dem leberkranken Menschen.«

Nach einem ganz ähnlichen Prinzip scheinen manche Chefs zu kategorisieren. Sie sind nicht von Mitarbeitern umgeben, sondern von Dienstboten, Trotteln, Faulpelzen und Sklaven. Der Boss weiß dadurch genau, wann er wen ansprechen kann. Gesichter geschweige denn Namen braucht er sich nicht mehr zu merken.

## Was denkt mein Chef über mich? Gesammelte Erkenntnisse der Republik

### Du bist ein Nichts

»Herr … äh …«
Begrüßungsfloskel

»Stellen Sie mal ein Namensschild auf den Tisch, ich merke mir grundsätzlich keine Namen von Leuten in der Probezeit.«
Arbeitsanweisung eines technischen Betriebsleiters, der später wegen Unfähigkeit gefeuert wurde. Der Lehrling dagegen bekam eine Festanstellung.

»Ich kann jetzt nicht, ich bin grad auf Facebook.«
Soll heißen: Den Jahresabschlussbericht, an dem Sie acht Wochen gearbeitet haben, bearbeite ich gleich nach den Kätzchen-Videos.

»Deine Eltern haben dich doch nur Koch lernen lassen, damit du weg bist.«
Standardspruch, mit dem ein Küchenchef jeden neuen Angestellten begrüßte. Da der Mann auch sonst ziemlich unausstehlich war, hatte er dazu oft die Gelegenheit: Die meisten blieben nur ein paar Monate.

*»Also, ich weiß gar nicht genau, was Sie machen.
Ich sehe mich eher so als Ihr Coach.«*
Einschätzung der eigenen Führungsrolle

*»Ich behandle Ihre E-Mails nach dem 3-L-Prinzip:
lesen, lachen, löschen.«*
Er kam, sah und kalauerte.

*»Ich muss eure Namen nicht kennen. Ich mach hier nur
den Sauladen sauber und bin dann nach einem Jahr
woanders.«*
Der Chef sitzt inzwischen seit sechs Jahren auf dem Posten.

## Du bist faul

*»Kostenstellenparasit.«*
Kampfansage gegen Schmarotzer

*»Wenn Faulheit klein machen würde, könnten Sie von der
Teppichkante Fallschirm springen.«*
Weltsicht eines Ego-Riesen

*»Sie sind wie ein Heißluftballon. Sie bewegen sich nur,
wenn Sie Feuer kriegen.«*
Der Chef will Ihnen einheizen.

*Besucher: »Wie viele Menschen arbeiten hier?«
Chef: »Etwa die Hälfte.«*
Fleißquote

*»Sie wirken so motiviert wie ein Kilometerstein.«*
Da denkt sich der Mitarbeiter: Seien Sie froh, dass ich mir den
nicht um den Hals hänge und springe.

## Du bist mein Sklave

*»Wann Sie überlastet sind, bestimme ich.«*
Nach 14-Stunden-Arbeitstag

*»Meine Praktikantin sieht jetzt mal unter dem Schreibtisch nach, ob alle Kabel stecken.«*
Am Telefon zur IT-Abteilung

*»Die Doktoranden können ja auf dem Boden schlafen.«*
Sparvorschlag eines Chemielaboranten, der seinen studentischen Hilfskräften nach einer Nachtschicht kein Taxi nach Hause zahlen wollte.

*»Das ist wie bei meinem Hund, der hört auch nicht, wenn er am Fressen ist.«*
Bei einer Firmenfeier, weil ein Kollege, der gerade am Essen war, nicht sofort antwortete, als der Chef ihn rief.

## Du bist unfähig

*»Machen Sie mal die Tür zu. Oder können Sie das auch nicht?«*
Arbeitsauftrag während einer Konferenz

*»Reden Sie einfach weiter. Irgendwann wird schon etwas Sinnvolles dabei sein.«*
Großzügige Geste

*»Du hättest Bäcker werden sollen, dann könntest du den Schrott, den du produzierst, wenigstens fressen.«*
Witz eines leitenden Industriedesigners. Seine Angestellten können sich allerdings selbst nicht so genau erklären, was er eigentlich gegen Bäcker hat.

## Vorurteile in Chefetagen: Die gespenstische Ehrung der Anne W.

Frauenfeindliche Sprüche beispielsweise sind in unserer Gesellschaft gottlob verpönt. Das bedeutet aber nicht, dass es keine Menschen mehr gibt, die sich bisweilen komisch verhalten.

Im Gegenteil: Manche Psychologen sind der Ansicht, dass sich die meisten Leute, die sich liberal und offen fühlen, in Wahrheit etwas vormachen. Unser Denken sei noch immer weit stärker von Vorurteilen geprägt, als es uns lieb ist.

Das zeigt sich zum Beispiel, wenn der Versuch eines Witzes furchtbar schiefläuft. Für Menschen in Führungspositionen sind solche Pannen fatal, weil sie das Bild prägen, das Angestellte von ihnen haben. Und besonders peinlich wird es, wenn einem bei öffentlichen Auftritten blöde Sprüche rausrutschen.

Beispiel Deutscher Fernsehpreis 2006: Die »Tagesthemen«-Moderatorin Anne Will gewinnt die Trophäe für die beste Moderation einer Informationssendung. Die Laudatio hält RTL-Chefredakteur Peter Kloeppel. Er hätte an diesem Abend eine Sondertrophäe für die peinlichste Rede verdient. Ein Auszug:

Kloeppel: »Wir kommen zu meiner Lieblingskategorie. Die heißt: Beste Moderation Information. Sie werden es vielleicht nicht erwartet haben, aber in diesem Jahr hat das sehr viel mit Frauen zu tun.« …

»Frauen können was …«

Anne Will wird kurz im Bild gezeigt. Sie versucht ein Lächeln. Es verrutscht.

Kloeppel fährt fort: ... »Auch auf der Arbeit hatte ich eigentlich nie Probleme mit Frauen. Frauen können pointiert argumentieren. Sie kommen sofort zum Wesentlichen. Und sie sehen im Normalfall viel besser aus als wir Männer. Nicht nur, wenn sie aus der Maske kommen. Aber so langsam fange ich mir echt an Sorgen zu machen ...«

... »Denn in der Kategorie ›Beste Moderation Information‹ ist in diesem Jahr nominiert: Kein! Einziger! Mann! – Aber dafür: drei Frauen. Hier sind sie: die NominiertInnen!«

Als Anne Will kurz darauf den Preis entgegennimmt, kann sie sich eine Spitze gegen den Laudator nicht verkneifen. »Ich staune noch über den Satz ›Frauen können was‹«, sagt sie.

»Mein' ich echt«, sagt Kloeppel.

»Mein' ich auch echt«, antwortet Will.

---

»Das Team sieht aus wie meine Jeans – an jeder wichtigen Stelle eine Niete.«
Cowboy-Management

»Ich denke, Sie sind ein harmloser Trottel, aber ich will ganz ehrlich sein: Nicht jeder denkt so positiv über Sie.«
Obacht: Der Chef versucht sich anzubiedern.

»*Wie soll ich Löwen bändigen, wenn ich nur Affen um mich habe?*«
Angestellten-Bashing à la Brehms Tierleben

»*Ich habe keine Probleme, ich habe Angestellte.*«
Wenn das sein einziges Problem wäre, hätte seine Frau nicht versucht, mit dem Buchhalter …

»*Der taugt zu diesem Job wie der Igel zum Arschputzen.*«
Der Chef wird kratzbürstig.

»*Sie benutzen nur zwei Gänge beim Denken: ›Leerlauf‹ und ›Rückwärts‹.*«
Synonym für: Komm in die Gänge!

»*Stecken Sie den Scheiß hinter den Ofen.*«
Schriftliche Anmerkung auf einem Konzeptentwurf

»*Ihr seid doch alle Blödmannsgehilfen.*«
Der Chef haut sich unfreiwillig selbst in die Pfanne.

»*Wer solch einen Klingelton benutzt, sollte finanziell unabhängig sein.*«
Stilkritik

»*Ich habe das schon mal besser gesehen, aber nicht bei Ihnen.*«
Das kann aber auch von Vorteil sein, denn …

»*Regelmäßiges Versagen ist auch eine Form der Zuverlässigkeit.*«
Lob für Büro-Loser

»*Du bist die letzte Nummer für mich.*«
Abschiedsfloskel bei Entlassung. Der Mitarbeiter erhielt später eine Abfindung im fünfstelligen Bereich.

## Du bist überflüssig

»*Wenn Sie anpacken, ist das so, als ob fünf Leute loslassen.*«
Sie sind als schwächstes Glied in der Kette identifiziert.

»*Ein Tag ohne Sie ist wie ein Monat Urlaub.*«
Der Chef sehnt sich danach, Sie loszuwerden …

*Mitarbeiter:* »*Ich gehe mal Kaffee holen.*«
*Chef:* »*Wenn Sie mir einen Gefallen tun wollen,
bleiben Sie ruhig länger weg.*«
… und entwickelt immer kreativere Strategien dafür.

»*Diesen Mann dürfen Sie nicht übergehen. Gehen Sie durch ihn hindurch.*«
Jetzt haben Sie sich schon in Luft aufgelöst …

»*Ich glaube, es ist das Beste für alle Beteiligten, wenn du dir bis zum Ende deiner Lehrzeit einen Krankenschein nimmst.*«
… er muss das Ganze nur noch betriebsrechtlich absichern.

»*Da, wo Sie sitzen, kann ich mir auch gut eine Zimmerpflanze vorstellen.*«
Obacht, er hat schon Ersatz für Sie gefunden.

»*Sie verbrauchen nur kostbare Luft.*«
Jetzt will er Sie töten. Zum Wohle der Menschheit …

*»Es gibt Mitarbeiter, die arbeiten sollten.*
*Es gibt Mitarbeiter, die sich totarbeiten.*
*Und es gibt Mitarbeiter, die sich gleich umbringen sollten.«*
… und bittet Sie dabei um Ihre Mitarbeit.


*»Sie kann man bestenfalls als Türstopper gebrauchen.«*
Und er weiß auch schon, wie er Sie entsorgt.


*»In zehn Minuten kommt ein Bus. Du könntest dich überfahren*
*lassen.«*
Entsorgungsvariante II


*»Sie verschönern jeden Raum beim Verlassen.«*
Abschiedsfloskel


*»Die Lücke, die Sie hinterlassen, wird Sie vollständig ersetzen.«*
Nach Entlassung


## Deine Existenz ist eine persönliche Beleidigung

*Lehrling: »Guten Morgen.«*
*Chef: »Morgen, Arschloch.«*
Begrüßungsfloskel eines Küchenchefs


*»Na Herr H.? Was kann ich heute gegen Sie tun?«*
Freudscher Versprecher


*»Jeder muss irgendwie sein. Aber warum gerade wie Sie?«*
Rhetorische Fangfrage

*Chef: »Wissen Sie, was ich an Ihnen so gut leiden kann?«*
*Mitarbeiter: »Was denn?«*
*Chef: »Nichts.«*
Fangfrage II

*»Nach Ihnen werde ich mein erstes Magengeschwür benennen.«*
Ätzende Beleidigung

*»Ich werde mich mit niemandem aus diesem Team*
*jemals wieder an einen Tisch setzen.«*
Der Chef wird quengelig.

*»Ich hasse euch alle! Ihr seid alle Versager!«*
Rumpelstilzchen-Anfall nach gescheitertem Verkaufsgespräch

*»Wenn ich du wäre, hätte ich ein Alkoholproblem.«*
Ratschlag zur Lebensbewältigung

*»Ich habe einen Pickel an meinem Hintern nach Ihnen benannt.*
*Der stört mich auch immer, wenn ich mich gerade hinsetzen*
*möchte.«*
Vorsicht, das war wohl eine Frage zu viel. Das Büro-Ekel wird
ungeduldig.

*»Sie sind schuld, dass meine Milch ausbleibt.«*
Rüffel einer Chefin, kurz nach ihrer Rückkehr aus dem
Mutterschutz

## Lernen von den Besten

»Wenn der Kutscher klar sieht, dann wird auch mit blinden Pferden das Ziel erreicht.«
Johann Nepomuk Nestroy, Satiriker

»Das größte Problem sind die Spieler. Wenn wir die abschaffen könnten, wäre alles gut.«
Helmut Schulte, und Geschäftsführer Sport beim FC St. Pauli

»In der Pfütze ist die Fliege Kapitän.«
Sigmar Gabriel, SPD-Chef

»Mein Job war es, Talente zu entwickeln. Ich war der Gärtner, der Wasser und andere Nahrung für unsere besten 750 Leute bereitstellte. Natürlich musste ich auch etwas Unkraut rupfen.«
Jack Welch, früherer Chef von General Electric und laut »Financial Times« der »härteste Manager der Welt«

»Die Senatoren sind gute Männer, doch der Senat ist eine Bestie.«
Lateinisches Sprichwort

»Um die tief im Braunen vergrabenen Nasen meiner Herren Direktoren aus meinem Arsch zu entfernen, brauchte man einen Schweißbrenner.«
Henry Ford, amerikanischer Großindustrieller

»Was soll ich denn mit denen? Soll ich ne Journalisten-schule aufmachen?«
Neuer »Prinz«-Chefredakteur über seine Mitarbeiter

»Es ziemt ihm [dem Untertanen] nicht, die Hand-lungen des Staatsoberhauptes an den Maßstab seiner beschränkten Einsicht anzulegen und sich in dünkelhaftem Übermute ein öffentliches Urteil über die Rechtmäßigkeit derselben anzumaßen.«
Gustav von Rochow, preußischer Innenminister

DER VERSAGER AUS DER BUCHHALTUNG UND MEINE NICHTSNUTZIGE FRAU! NA, DAS PASST JA!
H&B

# Kapitel 3

# Der Diamantenschleifer
# Wie Chef die Welt sieht

*Chef: »Wer war der erste Mann auf dem Mond?«*
*Mitarbeiter: »Armstrong.«*
*Chef: »Und der zweite?«*
*Mitarbeiter: »Keine Ahnung.«*
*Chef: »Sehen Sie? Für den Zweiten interessiert sich kein*
*Schwein.«*

Der Wert der harten Arbeit wird vom Chef immer gern gepredigt – vor allem, wenn er Mitarbeiter zu Überstunden, Wochenenddiensten oder einer firmenfreundlichen Familienplanung überreden will.

Die Position, die er dabei einnimmt, ist oft Ausdruck eines Weltbilds, das ähnlich verzerrt ist wie die Wahrnehmung, die der Chef von sich und seinen Mitarbeitern hat. »Stress ist was für Leistungsschwache«, »Man muss Menschen erst brechen, um sie aufzubauen« – solche Sprüche spiegeln eine ultradarwinistische Sicht der Arbeitswelt wider.

Das Büro ist demnach eine Kampfarena. Kollegen sind Gegner. Rivalen dürfen mit allen Mitteln ausgestochen werden. Work-life-Balance ist ein Schimpfwort; man muss Druck ertragen können oder gehen. Schwächen sind nicht erlaubt.

Es ist nicht immer klar, inwieweit solche Sprüche Führungsrhetorik sind – und inwieweit der Chef glaubt, die Welt sei wirklich so.

Das heliozentrische Weltbild jedenfalls, nach dem die Erde um die Sonne kreist, gilt am Arbeitsplatz nicht mehr. Es wird durch ein Weltbild ersetzt, in dem der Chef die Sonne ist und die Mitarbeiter die Planeten sind, die um ihn kreisen. Der Chef kann sie jederzeit aus ihrer Umlaufbahn schubsen. Und er kann astronomische Arbeitsanforderungen an sie stellen.

## »Seien Sie gefälligst mehr wie ich!«

Manche Chefs geben ungefragt Karrieretipps, andere beschränken sich nicht auf die Arbeitswelt. Sie schwadronieren über das Leben, das Universum – und alles.

»Ich hatte mal einen Chef, der bei jeder Gelegenheit anfing, väterliche Ratschläge zu erteilen«, schreibt ein SPIEGEL-ONLINE-Leser. »Absolut unerträglich. Mir wäre lieber gewesen, er hätte mich von morgens bis abends beschimpft.«

Inhaltlich ist an vielen Chef-Ratschlägen noch nicht einmal etwas auszusetzen. »Wenn Führungskräfte daran appellieren, hart zu arbeiten, wenn sie das Unternehmertum preisen und Werte wie Risikobereitschaft hochhalten, dann haben sie ja per se recht«, sagt Arbeitspsychologe Zapf.

Bedenklich sei etwas anderes. »Führungspersönlichkeiten neigen dazu, ihr eigenes Weltbild als das einzig wahre und gültige zu begreifen.« Nach dem Motto: »Seien Sie gefälligst mehr wie ich! Dann kommen Sie besser durchs Leben.«

»Solche Chefs sehen nur sich selbst und projizieren ihre eigenen Maßstäbe auf alle anderen«, sagt Zapf. »Dabei vergessen sie, dass andere Menschen ganz andere Stärken und Schwächen haben als sie selbst.« Zum Beispiel, dass manche Mitarbeiter, anders als die meisten Chefs, überhaupt nicht gern im Mittelpunkt stehen.

## Vom Chef-Weltbild zur Arbeitskultur

Die Soziologin Rosabeth Moss Kanter befasste sich bereits 1983 näher mit diesem Phänomen und kam zu dem Ergebnis: Wenn Chefs jemanden befördern, nutzen sie oft vor allem sich selbst als Maß aller Dinge.

Der Chef befördert tendenziell Menschen, die besonders gut darin sind, so zu tun, als seien sie er. Genauer gesagt: Menschen, die so tun, als seien sie so, wie er zu sein glaubt. Und der Chef selbst wurde einst vermutlich ebenfalls befördert, weil er seinem eigenen Vorgesetzten nacheiferte.

Kanter nennt dieses Phänomen »homosoziale Fortpflanzung«. »Stromberg-Erfinder« Husmann findet einfachere Worte: »Es ist der Grund, warum immer die Arschlöcher befördert werden.«

*Sie wollen auch Karriere machen? Das geht ganz leicht! Befolgen Sie einfach die folgenden fünf goldenen Regeln. Schon bald wird Ihnen Ihr Chef auf die Schulter klopfen und sagen: »Gut gemacht, du Sack! Zeig diesen Versagern ruhig mal, wo's langgeht.«*

# 1. Zeige niemals Schwäche!

*»Nett sitzt auf der Ersatzbank.«*
Karrieretipp von einem, der sich durchgefoult hat

*»Nur Schwächlinge müssen schlafen.«*
Traumhaftes Killerargument

*»Nur die Harten kommen in den Garten.«*
Klassisches Arbeitsethos

*»Stress ist was für Leistungsschwache.«*
Der Arbeitnehmer hat einfach die falsche Einstellung. Statt die
100-Stunden-Woche als Trainingseinheit auf dem Weg zur voll-
endeten mentalen Stärke zu begreifen, spricht er undankbar
von Ausbeutung.

# 2. Lerne, den Schmerz zu genießen!

*»Schmerz ist nur die Schwäche, die aus dem Körper entweicht.«*
Karrieretipp von einem, der gar nichts mehr spürt

*»Druck, der entweicht, ist verschenkte Leistung.«*
Leitspruch auf der Web-Seite eines Callcenter-Chefs

*»Wir arbeiten hier, bis wir fertig sind. Und damit meine ich:
physisch fertig.«*
Trainingsplan für olympiareife Mitarbeiter

*»Wer Burn-out bekommt, arbeitet nicht genug, sonst hätte er
gar keine Zeit dafür.«*
Der Geist besiegt den Körper.

## Schmerzbewältigung in der Werbung

*Der Chef einer Werbeagentur war ein großer Freund der 70-Stunden-Woche – und ein noch größerer Freund klarer Ansagen. Also bestellte er bei einem Sportausstatter 100 Luftmatratzen. Jeder Praktikant, der in dem Laden neu anfing, bekam eine davon in die Hand gedrückt. »Herzlich willkommen«, pflegte der Chef zu sagen. »Wir wollen, dass du dich bei uns wohlfühlst. Deshalb haben wir dir ein kleines Care-Paket gemacht.«*

### 3. Vermeide Karriere-No-Gos!

*»Meiden Sie die B-Wörter: Betriebsrat, Bildungsurlaub, Bonus.«*
Karrieretipp am ersten Arbeitstag

*»Alles, meine Herren, was Sie nicht ins Gefängnis bringt, ist gut für das Unternehmen.«*
Der Finanzvorstand definiert klar und deutlich die Geschäftsgrenzen.

*»Team steht nicht für: ›Toll, ein anderer macht's.‹«*
… es sei denn, der Chef müsste es selbst machen. Dann schon.

*»Setzt du ein Schwein an den Tisch, legt es bald auch seine Füße drauf.«*
Achtung! Der Boss riecht den Braten.

*»Bewache die Nase bei starkem Frost.«*
Warnung vor eisiger Kälte

*»Sie müssen sich irgendwann im Leben entscheiden.*
*Wollen Sie Freizeitgrafiker sein? Oder reichen Ihnen zehn*
*Prozent Freundeskreis?«*
Ratschlag für eine ausgewogene Work-life-balance

## 4. Respektiere die Hierarchie!

*»Ich Bäcker, du Semmel.«*
Kulinarische Variante von »Ich Chef, du nix«.

*»Bei einem Zug entscheidet die Schiene die Richtung.«*
Warnung vor hierarchischen Entgleisungen

*»Der Hund wackelt immer noch mit dem Schwanz und nicht*
*der Schwanz mit dem Hund.«*
Ein Chef mag es nicht, wenn man ihm ins Revier pinkelt.

*»Wenn der Kuchen spricht, dann schweigen die Krümel.«*
Warnung an Karrierehungrige

*»Unter einer großen Eiche wachsen nur kleine Schwammerl.«*
Wenn die Karriere blockiert ist, kann man immer noch in den
schönen Künsten Erfüllung suchen. Schwammerl war immerhin der Spitzname des Komponisten Franz Schubert.

*»In einer Höhle ist kein Platz für zwei Bären.«*
… vor allem wenn Brillen- und Kragenbären um ihr Revier
kämpfen.

*»Ihr könnt hier alle tun und lassen, was ich will.«*
Großzügige Geste

*Chef: »Sehen Sie dort das mit Cola gefüllte Glas?«*
*Angestellter: »Ja.«*
*Chef: »Ich sage: Da ist Milch drin. Verstanden?«*
Management à la George Orwell (»1984«)


## 5. Wille ist Macht!

*»Sie sind noch nie bei einem Kunden rausgeflogen?*
*Dann haben Sie nicht alles gegeben.«*
Vertriebsleiter zum Außendienstler

*»Gewinnen ist nicht alles. Es ist das Einzige.«*
Grundsatz der Leistungsgesellschaft

*»Auch aus Steinen, die einem in den Weg gelegt werden,*
*kann man etwas Schönes bauen.«*
Maxime des felsenfesten Willens


## Führungsphilosophie

Wer die fünf goldenen Regeln befolgt, wird rasch aufstei-
gen. Doch was geschieht, wenn er endlich selbst Chef ist?
Wird dann alles einfacher? Mitnichten! Ständig versuchen
die neuen Untergebenen, einen auszutricksen. Da helfen nur noch drei Dinge: *leadership, leadership* und noch-
mals *leadership.* Es gilt, die eigene Führungsphilosophie in
möglichst einfachen, allgemein verständlichen Leitsätzen
zusammenzufassen. Hier einige Wahlsprüche, die bei Bossen besonders beliebt sind.

»Wer lacht, hat noch Reserven.«
Ein guter Chef kennt die Fähigkeiten seiner Mitarbeiter …

»Wenn ihr eure Ziele erreicht, haben wir sie nicht hoch genug
gesteckt.«
… legt sinnvolle Leistungsgrenzen fest …

»Wenn wir im vergangenen Jahr bei halbierter Mitarbeiterzahl
doppelten Ertrag erwirtschaftet haben, können wir das doch
dieses Jahr noch steigern.«
… und schafft die perfekten Rahmenbedingungen
für effizientes Arbeiten.

»Wenn Sie nicht mehr die Kraft zum Lügen haben, seien Sie
wenigstens grausam.«
Lehrspruch eines Managertrainers

»Mitarbeiter sind wie Luftballons: Sobald man sie loslässt,
machen sie ›Pffffffffrrzr‹ und fliegen ziellos davon – bis ihnen
die Luft ausgeht.«
Führungskraft mit aufgeblasenem Ego

»Ein Tritt in den Arsch ist immer ein Schritt nach vorne.«
Progressive Ansporn-Taktik

»Wer ›so‹ sagt, ist noch lange nicht fertig.«
Deadline-Druck für Fortgeschrittene

»Das Pferd muss schwitzen, nicht der Reiter.«
Grundsatz der Arbeitsteilung I

»Wenn ich die Suppe verbrenne, löffeln Sie sie aus.«
Grundsatz der Arbeitsteilung II

*»Bei den Bienen zählen auch nicht die Flugstunden, sondern es zählt der Honig, den sie nach Hause bringen.«*
Ergebnisorientiertes Arbeiten

*»Wer am meisten delegiert, wird am besten bezahlt.«*
Ein Verfechter dieses Grundsatzes ist der Direktor eines namhaften Wirtschaftsforschungsinstituts.

*»Führung bedeutet, den Mitarbeiter so über den Tisch zu ziehen, dass er die Reibung als Nestwärme empfindet.«*
Manipulationstechnik für Führungsgenies

*»Nur unter Lebensgefahr ist man kreativ.«*
Totschlagargument

*»Wer selbst nicht brennt, kann andere auch nicht anzünden.«*
Schlachtruf der Burn-out-Republik

*»Nur Druck formt Diamanten.«*
Allerdings sind selbst die für manchen Chef nicht hart genug, denn …

*»Wir verschleißen so viele Mitarbeiter, bis wir die Richtigen gefunden haben.«*
Führungsutopie des Diamantenschleifers

## Lebensweisheiten des Chefs

Die Weisheit großer Anführer beschränkt sich nicht nur auf den Arbeitsplatz. Sie transzendiert ins Leben – und darüber hinaus. Ein großartiger Anführer durchdringt Diesseits und Jenseits mit seiner messerscharfen Intelligenz. Im Folgenden einige Geistesblitze aus deutschen Führungsetagen:

»*Kapitalismus ist keine Liegewiese.*«
Manager-Variante von »Das Leben ist kein Ponyhof«

»*Goethe war ein Nudist, aber nicht jeder Nackedei ist ein Goethe.*«
Der Chef spricht die unverhüllte Wahrheit aus.

»*Kunst kommt von ›können‹. Käme es von ›wollen‹, hieße es ›Wunst‹.*«
Goethe würde das bestätigen.

»*Bleibt die Wildsau zu lange bei Vollmond auf der Lichtung, wird sie halt auch erschossen.*«
Kampfansage gegen Langsamkeit

»*Raus aus der Opferrolle!*«
Psychotipp I

»*Wer Angst hat, stirbt im Bett.*«
Psychotipp II

»*Wenn man einen Sumpf trockenlegen will, darf man nicht die Frösche fragen.*«
Weisheit des Veränderungsmanagements

»*Aus einem verkniffenen Arschloch kommt kein fröhlicher Furz.*«
Auf manchen Charakterschwächen bleibt man eben ein Leben lang sitzen.

»*Wenn du ein totes Pferd reitest, steig ab.*«
... oder besorge dir eine bessere Peitsche und prügle es wieder lebendig.

## Lernen von den Besten

*»Ich wechsle nur aus, wenn sich einer ein Bein bricht.«*
Werner »Beinhart« Lorant, ehemaliger Fußballtrainer

*»Die Garde stirbt, aber sie ergibt sich nicht.«*
Das Zitat wird Pierre Jacques Étienne Cambronne
zugeschrieben. Er soll so die englische Aufforderung
zur Kapitulation in der Schlacht bei Waterloo
abgelehnt haben.

*»Zu leben heißt zu kämpfen.«*
Seneca, Philosoph

*»Wenn Sie zehn Leute in Ihrer Fabrik haben, müssen
Sie immer den Schwächsten rausschmeißen. Und zwar
überall. Aus Prinzip.«*
Wird Jack Welch, dem früheren Chef von General
Electric, zugeschrieben

# DER BETRIEBSAUSFLUG

A&B

# Der Sozialrambo
# Wie Chef motiviert

Ein guter Chef ist ein großer Motivator, der sein Team zu Top-Leistungen anspornt.

Beispiel Steve Jobs: Der inzwischen verstorbene Apple-Chef brachte seine Mitarbeiter dazu, täglich 14 Stunden an Produkten wie dem iPhone zu arbeiten. Und das mit Hingabe. Apple-Angestellte berichten von dem erhabenen Gefühl, an etwas mitzuwirken, das die Welt revolutioniert.

So weit die Lage im Motivations-Mekka. Wir schalten nun zurück nach Deutschland.

»Mein Chef verteilt gerne Karteikarten, auf denen unbekleidete Gesäße zu sehen sind«, schrieb eine Bürokauffrau in einer E-Mail. »Er will uns damit sagen: ›Du hast heute mal wieder die Arschkarte gezogen. Du darfst heute die Drecksarbeit machen.‹«

Andere versuchen, ihre Belegschaft mit vermeintlich flotten Sprüchen anzuspornen. »Mein Chef sagt immer: ›Wenn man aus schimmligem Brot Penicillin machen kann, dann kann man auch aus dir was machen‹«, berichtet ein Bäckerlehrling aus Bayern.

Der Azubi eines Autohändlers darf bei der Arbeit offenbar keine Fehler machen. »Neulich habe ich vergessen, ein Preisschild in einen Gebrauchtwagen zu hängen«, schreibt er. Er entschuldigte sich beim Chef. Doch der antwortete nur: »Das ist, wie wenn ein Bahnarbeiter vergisst, die Weiche umzustellen, und 3000 Leute sterben.«

Dass es in vielen deutschen Unternehmen Defizite in Sachen Mitarbeitermotivation gibt, zeigen nicht nur solche Anekdoten von SPIEGEL-ONLINE-Lesern. Eine Umfrage des Marktforschungsunternehmens Gallup aus dem Jahr 2010 kommt zum selben Ergebnis:

- Ihr zufolge erhält nur jeder fünfte Arbeitnehmer für gute Leistungen Anerkennung.
- Nur 20 % der Mitarbeiter bekommen Feedback zu ihren persönlichen Fortschritten bei der Arbeit.
- Ebenso wenige bekundeten, ihr Vorgesetzter habe sie schon einmal inspiriert, Dinge zu tun, die sie sich zunächst nicht zugetraut hatten.

Woran liegt das? Ein Erklärungsansatz ist die unzureichende Ausbildung von Führungskräften. »Es wäre ein Euphemismus, würde man unterstellen, dass sich mit der Übernahme einer Führungsrolle ein ›Führungskompetenz-Pfingstwunder‹ ereignet«, stellte die Beratungsfirma Transformation Management 2010 sarkastisch in einer Studie fest.

Wie gut Manager in den einzelnen Branchen ausgebildet sind, ist statistisch nicht erfasst. Der deutsche Führungskräfteverband ULA weist darauf hin, dass die Ausbildungen und Manager-Trainings stark variieren und schlecht miteinander verglichen werden können. »Allerdings erfordert das Ausüben einer Führungsposition eine spezielle Qualifikation, die nur in gründlichen Schulungen erworben werden kann und kontinuierlich aufgefrischt werden muss«, sagt ULA-Hauptgeschäftsführer Ludger Ramme. Viele Chefs dürften ein solch intensives Training nicht bekommen.

»Stromberg«-Erfinder Husmann sagt, er kenne eine ganze Reihe von Bossen, die nach ihrer Beförderung einfach einen Ratgeber à la »Führung für Dummys« halb durchgelesen hätten und meinten, sie würden alles wissen. Das sei vergleichbar mit Leuten, die den Volksschulkurs »Italienisch für Anfänger« besuchen. »Die glauben ja auch, sie können eine Sprache in dreißig Tagen lernen, bis sie feststellen, dass sie noch nicht einmal die einfachsten Vokabeln beherrschen.«

Warum werden solche Leute überhaupt zum Chef befördert? Der Managerberater Rüdiger Klepsch sagt: Weil es oft keine Alternativen gibt. »In vielen Firmen gibt es nur zwei Karrierewege«, sagt er. »Entweder, du wirst Chef. Oder du versauerst auf deinem Posten.« Andere Möglichkeiten, zum Beispiel die Chance, sich als Fachkraft weiterzuentwickeln, gebe es viel zu selten.

Die Folge: Leute, die lange genug im Betrieb sind, steigen irgendwann zum Chef auf – obwohl sie diesen Job nur bedingt machen wollen. »Für das Unternehmen ist das ein schlechter Deal«, sagt Klepsch. »Es verliert einen Experten und muss fortan mit einer wenig motivierten Führungskraft leben.«

Diese wird freilich auch ihre Untergebenen nur schlecht motivieren können. Schlimmstenfalls bewirkt ein solcher Rambo-Manager das genaue Gegenteil: Statt Mitarbeiter anzuspornen, verwandelt er sie nach und nach in kleine Teufelchen, die in ihrer Arbeitszeit vieles tun, nur nicht arbeiten. Eher schon lachen sie sich über die seltsamen Kommunikationsversuche des Chefs kaputt.

SPIEGEL-ONLINE-Leser haben besonders bizarre Motivationssprüche eingeschickt. Nicht selten fragt man sich, was der Chef eigentlich von seinen Mitarbeitern denken muss. Für Außenstehende dagegen haben solche Situationen einen enormen Lach-Faktor, aber auch großes Verwirrungspotenzial.

*Damit Sie bei der Präsentation der folgenden Motivationstechniken überhaupt noch mitkommen, damit Sie immer genau wissen, welche raffinierte Motivationstechnik gerade angewandt wird, haben wir extra einen externen Dolmetscher engagiert. Die folgenden Sprüche kommentiert ein Mann vom Fach, ein Profi. Es ist ein Chef, der nach eigenen Angaben zu den ganz großen Motivations-Gurus zählt. Ein Meistermotivator, der jede erdenkliche Ansporn-Technik kennt.*

Guten Abend, meine Damen und Herren. Ich freu mich wirklich sehr, Sie hier begrüßen zu dürfen. Ich will Ihnen heute was über Motivation erzählen. Das ist eine Spezialtechnik, die manche Leute benutzen, damit andere Leute mehr arbeiten. Dafür gibt es acht Techniken. Die stelle ich jetzt vor.

### 1. Energien freisetzen

Worte sind echt super. Man kann sie einsetzen, um Arbeiter anzustacheln. Oft ist das Psychologie! Manchmal auch Intuition! Man muss halt nur wissen, ob man jemanden gerade provozieren oder nett zu ihm sein muss, damit er noch mehr schuftet. Oder ob man ihm vielleicht gerade sagen muss, dass etwas wichtig ist, damit er es schnell fertig macht, auch wenn es eigentlich gar nicht so wichtig ist. Da gibt es schon so einige Patentrezepte. Ich sage zum Beispiel gern ungefähr so was:

*»Ich kann Sie nur auf den Topf setzen. Drücken müssen Sie alleine!«*
Man hilft dem Arbeiter damit quasi, sich selbst zu helfen.

*»Am besten ist wohl, ich mach das vor der Vorstandssitzung kurz selbst.«*
Der Arbeiter denkt dann, man denkt, er kann das nicht, und er macht es dann gerade deshalb, manchmal auch, wenn er gar keine Lust/Zeit hat.

*»Ich würde gern mal was mit den Mitarbeitern unternehmen, Weihnachtsfeier oder so – die müssen eben mal was organisieren. Dann komm ich auch.«*
So eine Feier verbessert enorm das Betriebsklima! Und das ist für die Arbeitsatmosphäre ja total wichtig.

*»Kennt ihr das Sender-Empfänger-Modell? Das machen wir jetzt. Ich sende, ihr empfangt.«*
Psychologie!

*»Schneller rudern, ich will Wasserski fahren.«*
Man kann Arbeit auch als Sportspaß tarnen …

*»Wir machen jetzt das Helikopterspiel. Ich mache den Krach, und Sie rotieren.«*
… oder als Spielspaß!

Arbeiter haben für das Helikopterspiel übrigens eine ganz andere Definition, aber die ist doof:
*»Jede Menge Staub aufwirbeln und dann verschwinden.«*

## 2. Karriereperspektiven schaffen

Arbeiter wollen sich ja auch weiterentwickeln. Man muss ihnen deshalb sagen, welche Entwicklungsperspektiven es gibt. Man muss dabei möglichst konkret sein. Ich sag zum Beispiel manchmal:
*»Sie werden bei uns noch sonst was. Bestimmt.«*

Sollte es gerade keine guten Jobs geben, kann man sich auch ruhig mal welche ausdenken.
*Mitarbeiter: »Was kann ich in dieser Firma noch werden?«*
*Chef: »Wo stammen Sie her?«*
*Mitarbeiter: »Aus Schlesien.«*
*Chef: »Dann können Sie Ober-Schlesier werden!«*

Damit das Interesse am Job nicht erlahmt, muss man dem Arbeiter auch regelmäßig neue Aufgaben geben. Sie fühlen sich dann gefordert, und das motiviert enorm!
*»Jetzt machen wir mal was, was Sie noch nie gemacht haben: nachdenken.«*

## 3. Arbeiter aufmuntern

Das mach ich besonders gern. Arbeit ist ja oft hart. Sogar manchmal auch für einfache Angestellte! Ein paar ermutigende Worte wirken da Wunder. Arbeiter haben dann das Gefühl, dass man ihre Situation versteht. Nach dem Motto: »Ich weiß, du hast's ja auch nicht leicht.« Das wirkt enorm motivierend! Die Arbeiter wissen dann, wie sehr man sich freut, wenn sie sich in schwierigen Phasen reinhängen.

*»Für eure Verhältnisse war das gar nicht schlecht.«*
Der Trick ist, dass man den Arbeiter mit jemandem

vergleicht, der noch schlechter ist. Dann kann man ihn praktisch immer loben!

Wenn der Arbeiter wirklich total schlecht ist, kann man ihm immer noch das sagen:
*»Niemand ist unnütz, er kann immer noch als schlechtes Beispiel dienen.«*

Viele Angestellte sind ja so religiös. Da kann es bestimmt nicht schaden, wenn sie die Arbeit quasi als religiöse Tätigkeit begreifen. Ich sag' dann manchmal:
*»Solange in der Kirche noch georgelt wird, ist der Gottesdienst nicht aus.«*
Ich weiß zwar nicht genau, was das heißen soll, aber es klingt doch irgendwie gut, oder?

## 4. Richtig loben

Ein guter Chef weiß auch, wann mal Schluss ist mit Loben, weil der Arbeiter sich sonst irgendwann sonst was einbildet. Man kann ihn dann zurückpfeifen. Noch schlauer ist aber, wenn man ihm sagt, wo er sich in seiner Freizeit loben lassen kann!

*»Wenn Sie Anerkennung wollen, kaufen Sie sich einen Hund.«*
Glücklichsein durch Gassigehen, nenn ich das. Gut, oder?

*»Motivieren kann ich Sie nicht auch noch. Das müssen Sie schon allein.«*
Hilfe zur Selbsthilfe. Wie vorhin bei dem Topf und dem Drücken.

*»Nicht geschimpft ist gelobt genug.«*
Stille ist nämlich mehr als nur die Abwesenheit von
Worten!

*»Man kann nicht jedes Ei beklatschen.«*
Ein Chef muss immer ein anspruchsvoller Kritiker sein,
sonst kauft ihm der Arbeiter das Lob nicht ab.

*»Ich lobe meine Kinder doch auch nicht, nachdem sie auf dem
Klo waren.«*
Drecksarbeit gehört zu jedem Job dazu! Ein Arbeiter
muss das dann auch machen, ohne was dafür zu erwarten.
Das kann man dem auch ruhig mal so sagen.

*»Anerkennung? Sie bekommen doch Gehalt.«*
Ablasshandel. Kennt man ja aus der Kirche. Und viele
Arbeiter sind ja so religiös.

*»Ein Lob ist günstiger als eine Gehaltserhöhung. Also:
Gut gemacht!«*
Manchmal muss man ja auch Geld sparen. Dann kann man
auch mal loben, wenn man das gar nicht so meint, um den
Arbeiter abzulenken.

*»Das haben Sie jetzt gut gemacht, aber davon können Sie sich
auch nichts kaufen.«*
Da wäre der Arbeiter jetzt fast abgehoben. Zu viel Lob ist
eben gar nicht gut!

## 5. Richtig kritisieren

Fehler werden überall gemacht, selbst in den besten
Unternehmen! Aber man muss aufpassen, dass das nicht

immer wieder passiert. Das muss man den Arbeitern dann auch sagen. So leid einem das auch tun mag: Es geht nun mal nicht anders! Zum Glück gibt es ein paar wirklich tolle Techniken, mit denen man kritisieren kann, ohne dass die Arbeiter einem deswegen böse sind. Der Trick ist, möglichst konkret zu sein. Auf keinen Fall darf man das, was ein Arbeiter tut, mit dem Arbeiter selbst verwechseln!

*»Das Einzige, was hier richtig läuft, ist die Kaffeemaschine.«*
Das ist jetzt vielleicht ein bisschen gemein. Aber manchmal ist man halt echt sauer.

*»Kein Wunder, dass es mit Deutschland bergab geht.«*
Das zieht meistens oder eigentlich fast immer!

*»Was ich mit meinen Händen aufgebaut habe, reißt ihr mit dem Arsch wieder ein.«*
Hi hi, Arsch.

## 6. Klare Ansagen machen

Man muss immer ganz genau sagen, was man will. Dann versteht die Arbeiter das auch. Gut ist, wenn man sich dabei möglichst einfach ausdrückt, damit einen wirklich jeder versteht. Dazu kann man auch ruhig mal ein Sprachbild aus dem Tier- oder Pflanzenreich benutzen!

*»Sie müssen das schon richtig machen. Sonst ist es falsch.«*
Genial! So einfach lässt sich das formulieren, wenn man sich Mühe gibt.

*»Sie haben zwei Minuten. Sagen Sie mir alles, was Sie wissen.«*
Der Trick ist, dass sich der Arbeiter besonders konzentrieren muss! Wenn er das tut, spart man sich oft ganz schön viel Zeit.

*»Schreiben Sie dazu mal einen detaillierten Einzeiler!«*
Derselbe Trick. Nur mit anderen Worten!

*»Da müssen Sie das eine tun, ohne das andere zu lassen!«*
Wir Chefs nennen so was manchmal auch Multitasking.

*»Sehen Sie sich das mal an. Aber machen Sie kein Jugend-forscht-Thema draus.«*
Jugend forscht – kennt jeder. Damit ist klar: Hier ist effizientes Arbeiten gefragt und kein Kindergarten.

## 7. Arbeiter antreiben

Manchmal muss ja eine Sache ganz schnell fertig werden. Zum Beispiel ein Projekt! Da kann man dann schon mal in die Vollen gehen und die Arbeiter so richtig antreiben. Gut ist, wenn man das lustig macht. Dann müssen die nämlich lachen und sind einem nicht so böse.

*»Macht nix, wenn's schnell geht.«*
Hi hi.

Man kann Sachen auch mit einem Auto-Beispiel erklären! Das versteht fast jeder, weil eigentlich jeder irgendwo ein Auto hat:
*»Wir müssen die PS endlich auf die Straße bringen.«*

Sport-Beispiele funktionieren auch immer ganz gut:
*»Beim 100-Meter-Lauf kann man auch nicht abkürzen.«*

Oder:
*»Ihnen kann man beim Laufen die Schuhe besohlen.«*

Man kann auch mal übertreiben und sagen, wie langsam die Arbeiter sind. Dann ärgern die sich und beeilen sich gerade deswegen! Hier drei schöne Beispiele:

- *»Wenn man Ihnen die Aufgabe gibt, auf zwei Schnecken aufzupassen, läuft Ihnen garantiert eine davon.«*
- *»Was ist der Unterschied zwischen Ihnen und der Titanic? Die Titanic schafft zwölf Knoten in der Stunde.«*
- *»Wenn Sie noch langsamer machen, machen Sie eine Zeitreise in die Vergangenheit.«*

Übrigens sagen Arbeiter das oft ganz anders. Die machen eher eine Zeitreise in die Zukunft. Aber nur im Kopf!
*»Es ist alles fertig. Es muss nur noch gemacht werden.«*

## 8. Arbeiter disziplinieren

Manche Arbeiter wollen einfach nicht arbeiten. Obwohl man sich sehr viel Mühe gibt, sie zu motivieren. Das ist am Ende natürlich schlecht für alle! Aber zum Glück gibt es auch da so ein paar Tricks, wie man solchen faulen Socken auf die Sprünge helfen kann:

*»Wollten Sie nicht Karriere machen?«*
Ist natürlich ne Fangfrage.

*»Willst du mal ein richtiger Architekt werden? Oder ewig ein blöder Lochkartenstanzer aus dem Osten bleiben?«*
Auch ne Fangfrage. Der Trick ist, dass man den Arbeiter als Ossi beschimpft. Das provoziert!

*»Zu Hause das Essen kalt – oder hier die Hölle heiß?«*
Noch ne Fangfrage. Hier ist der Trick, dass man dem Arbeiter nur zwei Möglichkeiten lässt, obwohl es natürlich eigentlich viel mehr Möglichkeiten gibt.

*Chef: »Na? Wie geht es Ihnen?«*
*Angestellter: »Gut, vielen Dank!«*
*Chef: »Das ändert sich gleich.«*
Zack! Das sitzt.

*»Wollen Sie unbedingt ein Sandkorn in der Servicewüste werden?«*
Da kommt der Arbeiter oft gar nicht mehr mit. Oft ist er dann verwirrt. Und gibt auf.

*Chef: »Sie arbeiten doch gern hier, oder?«*
*Angestellter: »Ja, klar.«*
*Chef: »Warum tun Sie's dann nicht?«*
Gewonnen!

## Lernen von den Besten

»Auch wenn die Kräfte fehlen, ist doch der Wille zu loben.«
Ovid, römischer Dichter

»Du bewegst dich wie meine Oma. Und die liegt schon seit drei Jahren im Sarg.«
Ernst Middendorp, Trainer des FC Augsburg

»Öde Geschichten bedeuten wunde Gesäße.«
Ituso Sakawa, Chefredakteur eines japanischen Provinzblatts, der seine Redakteure zwecks Motivation bisweilen mit dem Lineal verprügelt

»Ich will, dass jeder mir die Wahrheit sagt – auch wenn es ihn seinen Job kostet.«
Samuel Goldwyn, amerikanischer Filmproduzent

»Die Kroaten sollen ja auf alles treten, was sich bewegt – da hat unser Mittelfeld ja nichts zu befürchten.«
Berti Vogts, ehemaliger Bundestrainer

# Kapitel 5

# Der Basta-Boss
# Wie Chef argumentiert

Ein Feuerwehrhauptmann pflegte Diskussionen stets mit demselben Satz zu beenden: »Es gibt nur zwei Meinungen«, sagte er, wenn seine Angestellten nicht aufhören wollten, ihm zu widersprechen. »Meine und die falsche.«

Diskussionen mit Mitarbeitern gehören zu den Kernkompetenzen von Chefs. Doch viele Führungskräfte sind mit dieser Aufgabe überfordert.

Gemessen an den Sprüchen, die Leser eingeschickt haben, begreifen sie Widerspruch aus den eigenen Reihen nicht als konstruktive Kritik, sondern als Meuterei.

Statt mit den Mitarbeitern zu diskutieren, statt ihre Einwände anzuhören und gegebenenfalls zu berücksichtigen, werden Einwände regelrecht weggebügelt. Statt den Mitarbeiter mit dem Florett der Argumentationskunst aufzuspießen, knüppelt der Chef ihn mit der Neandertalerkeule nieder.

Es gibt Bosse, die jeden, der ihnen widerspricht, verspotten, zum notorischen Nörgler erklären oder ihm gar unterschwellig mit der Entlassung drohen. Führungskräften ist durchaus bewusst, dass das so nicht gut ist. Doch viele sagen, sie könnten es nicht ändern. Im vertraulichen Gespräch geben sie oft ähnliche Erklärungen für ihr Fehlverhalten.

»Mangel an Argumenten ist oft ein Problem«, sagt einer, der selbst Chef von knapp 100 Angestellten ist. »Nicht selten bekommt man eine Anweisung von oben und muss sie an die Mitarbeiter weitergeben. Auch wenn man den Inhalt selbst nicht für optimal hält.«

Mitarbeiter sind in einer solchen Situation klar im Vorteil. Sie kennen ihr eigenes Aufgabenfeld ja weit besser als ihr Chef. Inhaltlich haben sie oft die besseren Argumente.

Der Chef muss trotzdem gegensteuern. Je nach rhetorischen Fertigkeiten wird er den Angestellten geschickt überreden – oder zum großen Basta ansetzen.

Viele Chefs wählen – oft voreilig – das große Basta. »Mir fehlte in der Diskussion mit Mitarbeitern oft die Zeit und auch die Geduld, um auf alle Bedenken einzugehen«, sagt ein Chef, der inzwischen im Ruhestand ist.

Auf dem Schreibtisch habe sich die Arbeit getürmt, im Terminkalender hätten für den Tag noch acht Termine gestanden. »Da war es nur allzu verführerisch, etwas einfach durchzudrücken. Auch wenn ich mir bewusst war, dass das den Mitarbeiter verletzt. Da konnte ich in so einer Situation dann eben keine Rücksicht drauf nehmen.«

Bequemlichkeit ist ein Problem. Ein zweites ist, dass Chefs wahren Widerspruch oft gar nicht mehr gewohnt sind. Immerhin kommt es eher selten vor, dass ihnen jemand ernsthaft die Meinung sagt. Passiert es doch einmal, reagieren Bosse oft gereizt.

»Am Anfang dachte ich, dass ich Widerspruch nicht dulden darf, weil er meine Autorität infrage stellt«, sagt ein Ex-Chef. »Später habe ich gelernt, damit umzugehen.«

Manche Chefs aber lernen das nie. Für sie ist jedes Gegenargument eine narzisstische Kränkung. »Aus der Kognitionspsychologie ist bekannt, wie Menschen ihre Umwelt filtern«, sagt Arbeitspsychologe Zapf. »Informationen, die das eigene Selbstwertgefühl stärken, verankern sich besonders gut im Gedächtnis. Informationen, die das Selbstbild bedrohen, werden verdrängt.«

*Will heißen: Wenn Ihr Boss Ihre Argumente mal wieder niederknüppelt, arbeitet möglicherweise nur sein Verdrängungsmechanismus. Das führt oft zu bizarren Gesprächssituationen. Im Folgenden einige besonders schöne Beispiele.*

## Wie bügelt der Chef Widerspruch nieder? Die besten Strategien

### 1. Bewertung des Inhalts

Sie dachten immer, Fakten seien unverrückbar?

*»Dann ist die Literatur eben anderer Meinung.«*
… nicht, wenn der Chef auf der anderen Seite des Tisches sitzt und kreativ uminterpretiert.

*»Ich kann mich auch irren, aber das glaube ich nicht.«*
Autosuggestion

*»Es gibt immer zwei Meinungen. Meine und die falsche.«*
Klassischer Rhetorik-Kniff. Damit hat selbst ein amerikanischer Präsident schon einmal einen Krieg angezettelt.

*»Zum Träumen ist die Nacht da.«*
Gegenargument bei zu kreativen Ideen

»Nicht alles, was zwischen zwei Backen hervorkommt,
ist ein guter Vorschlag.«
Fäkalisierung der gegnerischen Argumente

»Ich habe recht, weil ich mehr Geld als Sie habe.«
Sozialer Abwärtsvergleich

Chef: »Nee, das stimmt nicht. Wer hat das denn gesagt?«
Angestellter: »Sie, letzte Woche.«
Chef: »Ach so, ja. Natürlich stimmt das. Sie hätten die Frage
anders formulieren sollen.«
Verwirrungstaktik

## 2. Bewertung des Gegners

Wenn der Chef in der Sache nicht mehr weiterkommt,
greift er sein Gegenüber manchmal auch einfach direkt an.
Das lenkt von den eigenen Widersprüchen ab, in die er sich
gerade zu verstricken droht.

»Sie kommen hierher und wollen sich geistig mit mir duellieren.
Doch Sie kommen unbewaffnet.«
Auch der Vorschlaghammer ist als Duellwaffe nicht zu
unterschätzen.

»Gibt es ein Mittel gegen Ihre Anfälle?«
Vorsicht! Sie könnten medikamentös auf Ihren Arbeitsplatz
eingestellt werden …

»Das ist so, als würde man Sägemehl sägen.«
… oder zu Spanplatten verarbeitet werden.

»*Nein, wir reden nicht aneinander vorbei. Sie verstehen mich nicht.*«
Jetzt sucht der Chef den Fehler bei Ihnen.

»*Sie schaffen es, dass man die Stille zu schätzen weiß.*«
Unterschwellige Drohung: Schweige jetzt, oder ich werde dich für immer zum Schweigen bringen.

### 3. Rhetorische Nebelkerzen

Mancher Chef denkt wohl, dass er den Gegner wenigstens vom Thema ablenken kann, wenn er ihn schon nicht einschüchtern kann.

»*Das Denken sollten Sie den Pferden überlassen, die haben einen größeren Kopf als Sie.*«
Keine Angst! Er bewundert nur die Form Ihres Schädels.

»*Konzentrieren Sie sich auf die einfachen Aufgaben. Ich bin für die großen Ideen zuständig.*«
Besser, Sie lenken den Chef rasch ab – ehe er noch allzu kreativ wird.

»*Ich will, dass du willst, was ich will.*«
Hypnose-Versuch

»*Kommen Sie mir nicht mit ›Geht nicht‹. IT ist nur 0 und 1.*«
Fehler 404. Dieses Argument kann nicht angezeigt werden.

»*Haben Sie die Lösung oder sind Sie das Problem?*«
Dienstanweisung im Duktus einer bekannten schwedischen Möbelkette

## 4. Kampfrhetorik für Fortgeschrittene

Selbst wenn alle Ablenkungsmanöver fehlschlagen, ist die Diskussion noch nicht verloren. Der Chef kann dann immer noch in den Schummelmodus schalten – und das Wertesystem der Welt zu den eigenen Gunsten verändern. Hier drei Klassiker:

- *»Eine starke Behauptung ist besser als eine schwache Tatsache.«*
- *»Jeder hat so sein Problem – das ist jetzt Ihres!«*
- *»Kommen Sie mir nicht mit Sachargumenten.«*

Fortschrittliche Führungskräfte geben dem Angestellten zur besseren Orientierung gleich noch die Lösung vor:

*»Ich weiß doch, was rauskommen muss. Wenn das bei dir nicht rauskommt, machst du eben was falsch.«*

Was denn?! Der Mitarbeiter gibt noch immer nicht auf? Vorsicht, jetzt bringt der Chef die wirklichen Totschlag-argumente:

*»… aber trotzdem!«*

*»Wir sind hier nicht bei ›Wünsch dir was‹, wir sind hier bei ›So isses‹.«*

*»Herr Bauer. Jetzt machen Sie nicht immer: ›Wäh, wäh, wäh‹. Jetzt machen Sie einfach mal.«*

Effiziente Rhetoriker ersparen sich lange Diskussionen von Anfang an – und legen im Vorfeld des Gesprächs klare Regeln fest:

»Wir machen jetzt einen Meinungstausch. Sie kommen mit Ihrer Meinung in mein Büro und gehen mit meiner wieder raus.«

## 5. Bedrohung der Existenz

Der Chef sitzt immer am längeren Hebel. Wenn er nicht mehr diskutieren will, kann er stets die ultimative Trumpfkarte spielen: Entweder du gehorchst – oder du fliegst. Verpacken lässt sich diese Botschaft mehr oder weniger elegant:

Chef: »Bitte übernehmen Sie diesen Auftrag.«
Mitarbeiter: »Das geht nicht. Ich habe auch meine Grenzen.«
Chef: »Ich auch.«
Warnhinweis I

»Was war noch mal der Grund, warum wir Sie eingestellt haben?«
Der Chef denkt über Ihre Zukunft nach.

»Jetzt weht ein eisiger Wind durch Ihren Arbeitsvertrag.«
Warnhinweis II

»Sie wissen doch, dass ich Ihr Zeugnis schreibe.«
Es wird eng.

»Schauen Sie auf Ihre Kontoauszüge. Da taucht regelmäßig derselbe Name auf. Und solange das so ist, wird gemacht, was ich sage. Oder Sie gehen.«
Höchste Alaramstufe

»Mein Weg oder Heimweg.«
Letzte Chance

## Lernen von den Besten

»Ich weiß nicht immer, wovon ich rede. Aber ich weiß, dass ich recht habe.«
Muhammad Ali, Boxer

»Wer Visionen hat, soll zum Arzt gehen.«
Helmut Schmidt, ehemaliger Bundeskanzler

»Ich sehe und preise das Gute, doch tue ich das Schlechte.«
Ovid, römischer Dichter

»Was Jupiter darf, darf der Ochse noch lange nicht.«
Lateinisches Sprichwort

»Wo der Gewinn am höchsten ist, da ist das Recht.«
Lateinisches Sprichwort

»Ein Kaiserwort soll man nicht drehn noch deuteln.«
Gottfried August Bürger, Dichter

Haben Sie schon mal das 10-fache Ihres Körpergewichts getragen?
H&B

# Kapitel 6

# Der Schröpfer
# Wie Chef manipuliert

»Mal ehrlich, das gibt's doch nicht«, denkt sich der Chef. »Ausgerechnet jetzt will die doofe Kuh aus der Schadensregulierung Urlaub. Versteht die denn nicht, dass wir hier gerade in Arbeit untergehen?«

Er federt auf seinem Stuhl zurück und verschränkt die Hände hinterm Nacken. »Und dieser Herr Horn erst«, denkt er weiter, »der ist ja öfter krank als bei der Arbeit. Ob der wirklich dieses Pfeiffersche Drüsenfieber hat? Oder simuliert der nur?«

Zwischen den Augenbrauen des Chefs bildet sich eine steile Falte. »Der eine will Fortbildung, der nächste Elternschaft, der übernächste rennt wegen jeder Überstunde zum Betriebsrat. Glauben die etwa, ich schmeiß den Laden hier alleine?«

Gehaltsverhandlungen, Urlaubsanträge, Überstunden: Manche Führungskräfte erkranken im Laufe ihrer Karriere an Paranoia. Sie sehen sich nur noch von Betrügern und Faulpelzen umgeben – und eignen sich mit zunehmender Erfahrung immer zwielichtigere Methoden an, um Angestellte auszubeuten.

Da werden dem Mitarbeiter im Jahresendgespräch 400 Euro mehr Lohn im Monat zugesagt – doch auf der ersten Gehaltsabrechnung im neuen Jahr ist dieser Betrag plötzlich auf mysteriöse Weise zusammengeschrumpft. Da wird dem Angestellten der dreiwöchige Urlaub gestrichen, weil in der Abteilung seit Jahren zu wenig Leute arbeiten und der Chef noch kurzfristig ein neues Projekt stemmen will.

Viele Manager versuchen den Mitarbeiter über den Tisch zu ziehen und ihm die Reibung als Nestwärme zu verkaufen. In Verhandlungen gilt zwar eigentlich das Ideal: »Hart in der Sache, weich im Ton«. In Wirklichkeit aber ist es oft umgekehrt.

Die Folgen eines solchen Führungsstils sind verheerend. »Autorität und Vertrauen werden durch nichts mehr erschüttert als durch das Gefühl, ungerecht behandelt zu werden«, schrieb einst Theodor Storm. In deutschen Büros ist dieser Zustand leider allzu oft Alltag.

Fast scheint es, als habe jeder Chef einen geheimen All-round-Ratgeber in seiner Schreibtischschublade. Ein Buch mit dem Titel »Killerargumente und Sprüche für jede Lebenslage«, geschrieben von Chefs für Chefs – vor Angestellten unbedingt geheim zu halten.

*Nach langen Recherchen im Zwielicht und unter Einsatz halblegaler Methoden ist es dem Autor gelungen, an ein Exemplar zu kommen. Und er hat einige Spin Doctors und Kommunikationsexperten befragt, was die Sprüche im Einzelnen bedeuten. Im Folgenden einige Zitate aus dem geheimen Bestseller der Managementliteratur.*

## 1. Urlaub

*»Bei uns zu arbeiten ist doch wie Erholung.«*
Der Chef verspricht Ferien für immer.

*»Urlaub verdirbt den Charakter.«*
Der Chef will Sie vor sich selbst schützen.

*»Wenn Sie ein Beißer wären, würden Sie den Urlaub verschieben.«*
Der Chef appelliert an Ihre Dienstehre.

*»Ihren Jahresurlaub können Sie doch auch Sonntag nehmen.«*
Der Schröpfer gibt sich konstruktiv.

*Mitarbeiter: »Sie haben ja meinen Urlaubsantrag abgelehnt.«*
*Chef: »Ja, habe ich.«*
*Mitarbeiter: »Warum denn das?«*
*Chef: »Das Leben ist beschissen.«*
Argument für alle Lebenslagen

*»In welcher Farbe willst du deinen Urlaub denn gestrichen bekommen?«*
Angemessen wäre wohl: Sandfarben, palmgrün oder azurblau.

*(Chef wirft Urlaubsanträge in die Luft.) »Wenn sie oben bleiben, werden sie genehmigt.«*
Urlaub gibt's erst, wenn die Erde mit Überschallgeschwindigkeit in die Sonne stürzt.

*»Nicht jeder Urlaub muss zwanghaft genommen werden.«*
Konter gegen Fortbildung

*»Das ist wie bei der Pest. Plötzlich kommt die Hälfte der Leute nicht mehr.«*
Totschlag-Metapher, gern verwendet, wenn zu viele Leute gleichzeitig im Urlaub sind

## 2. Krankmeldung

*»Als Sie mir auf das Band gesprochen haben, dachte ich, Sie sind betrunken.«*
Der Chef ist um Ihr Wohlergehen besorgt.

*»Wer hat die wenigsten Krankmeldungen dieses Jahr? Richtig: ich. Ihr lebt alle zu ungesund.«*
Der Schröpfer appelliert an Ihren Ehrgeiz. Schaffen Sie es mit 39 Grad Fieber in die Firma, um ihn in den letzten Kalenderwochen doch noch zu überholen?

*»Gesundbleiben ist reine Willenssache.«*
Der Geist besiegt den Körper.

*»Husten können Sie auch hier.«*
Der Schröpfer gibt sich entgegenkommend.

*»Wenn Sie krank sind, können Sie natürlich gerne von zu Hause aus arbeiten.«*
Noch entgegenkommender

*»Fieber hat man erst, wenn die Eiweißmoleküle im Hirn anfangen zu klumpen.«*
Argument für ganz Coole

*»Wer es bis zum Arzt schafft, schafft es auch ins Büro.«*
Viel Bewegung soll ja gesund sein.

»*Solange Sie nicht tot sind, können Sie auch arbeiten.*«
Killerargument für jede Lebenslage

»*Mit Ihnen haben wir eine höhere Ausfallrate als damals vor Stalingrad.*«
Kriegslist

»*Wenn Sie mir ein Attest bringen, dass Sie sonst sterben …*«
Der Chef stellt bürokratische Hürden auf.

## 3. Überstunden

»*Seit Erfindung des Lichts können wir auch nachts arbeiten.*«
Technokraten-Trick

»*Wenn Sie Ihre Frau zu Hause vermisst, dann bringen Sie ihr halt mal Blumen mit.*«
Vorschlag zur Eherettung

»*Frauen sind austauschbar.*«
Ermunterung zur Polygamie

»*Ich sehe meine Kinder auch nur im Urlaub.*«
Also nie → siehe Punkt 1: »Urlaub«

»*Sie sehen Ihre Kinder nicht mehr? Dann machen Sie das Licht an.*«
Der Chef versucht, Sie zu blenden.

»*Wer Überstunden machen muss, kann sich nicht organisieren.*«
Schuldzuweisung für Fortgeschrittene

»*Ich weiß, diese zusätzliche Arbeit bedeutet eine Mehrbelastung. Verstehen Sie es als Auszeichnung.*«
Fast schon ein Klassiker in der Schröpfer-Trickkiste: die Positiv-Umdeutung

»*Überstunden sind ein Zeichen dafür, dass Sie sich mit der Firma identifizieren.*«
Positiv-Umdeutung II

»*Ist doch schön, wenn Ihre Frau immer schon im Bett ist, wenn Sie aus der Firma kommen. Dann ist es wenigstens schon angewärmt.*«
Besonders dreiste Positiv-Umdeutung

»*Du und dein Scheißprivatleben.*«
Auch fies: Wenn Sie auf Umdeutungen nicht hereinfallen, werden Sie zum Kollegenschwein stilisiert.

»*Der Tag hat 24 Stunden. Und wenn das nicht reicht, nehmen wir noch die Nacht dazu.*«
Arbeitsutopie

»*Sie arbeiten halbtags? Bei mir sind das immer noch zwölf Stunden.*«
Rechentrick

»*Im Frühling ist nun mal Rushhour hier.*«
Alternativ: im Sommer, Herbst oder Winter, an Freitagen, Weihnachten, Ostern, Pfingsten, um 3 Uhr morgens, im Jahr Heisei 28 oder wenn Uranus und Neptun im dritten Mond-quadranten stehen

»*Das ist hier keine Selbsthilfegruppe, wo jeder abends nach Hause geht und glücklich ist.*«
Argument für ganz Harte

*Angestellter:* »*Es gibt übrigens die Genfer Konventionen, und ich habe Freunde in Den Haag.*«
*Chef:* »*Und ich habe Freunde in Sizilien. Die warten nur auf einen Anruf.*«
Der Chef macht Ihnen ein Angebot, das Sie nicht ausschlagen können.

## 4. Feierabend

»*Gehst du schon oder kommst du erst?*«
Um 8.20 Uhr morgens

»*Haben Sie nichts zu tun? Oder warum gehen Sie schon?*«
Nach einem Zwölf-Stunden-Arbeitstag

»*Na? Wieder einen halben Tag Urlaub?*«
Nach 14 Stunden

»*Machen Sie heute ein Wettrennen, wer als Erstes die Firma verlässt?*«
Small Talk an der Garderobe. Nach 16-Stunden-Tag.

»*Karriere macht man nach 18 Uhr.*«
Geheimtipp für Aufsteiger

»*Freunde der Nacht!*«
Vor der Ankündigung von Überstunden bis in den späten Abend

*Chef: »Wir sind im Verzug. Die ganze Abteilung muss dieses Jahr an Himmelfahrt arbeiten.«*
*Mitarbeiter: »Kommen Sie dann auch?«*
*Chef: »Warum? Ihr seid doch schon groß. Ihr könnt das alleine.«*
Listiger Vertrauensbeweis

*»Sollte sich die Einstellung nicht ändern, dann ändern sich eben die Gesichter.«*
Protestwarnung Nr. 1

*»Lieber sonntags arbeiten als montags bei der Arbeitsagentur.«*
Protestwarnung Nr. 2

## 5. Familie

*»Sie tragen ja schon solche Umstandsmode. Tun Sie das nicht! Adoptieren Sie sich lieber eins und bringen Sie's mit.«*
Präventiv-Rhetorik. Wird sofort angewendet, wenn eine Mitarbeiterin mal ein weit geschnittenes Kleid trägt.

*»Wer hier arbeiten will, muss vorher seine Gebärmutter abgeben.«*
Einstellungskriterium eines Horror-Chefs

*»Kann man da nicht noch was machen?«*
Reaktion auf Mutterschutzantrag

*»Kann man die Geburt nicht verschieben?«*
Termin-Priorisierung

*»Ihr Bauch ist auch nicht dicker als meiner.«*
Wettkampf mit Schwangeren

## Druck machen im Kreißsaal

Eigentlich ist Frau Lempe (Name geändert) mit ihrem Chef ganz gut befreundet. Sie arbeitet als Verlagskauffrau in einer kleinen Firma. Neben ihr gibt es nur drei weitere Mitarbeiter, die, wie der Chef, allesamt männlich sind. Als Frau Lempe dann schwanger wurde, war ihr Vorgesetzter einer der Ersten, der davon erfuhr. »Die E-Mail, die er mir seinerzeit geschickt hat, war wohl eher witzig gemeint«, sagt Frau Lempe, »ich konnte leider überhaupt nicht darüber lachen.«

<jutta.lempe@gmx.net>

das kind ist bald da! :)

von meinem iPhone gesendet

-----

<manfred.mueller@t-online.de>

Wenn das Kind um 8 Uhr geholt wird, bist du um halb zehn wieder hier.

Diese E-Mail enthält vertrauliche und / oder rechtlich geschützte Informationen.
Wenn Sie nicht der richtige Adressat sind oder diese E-Mail irrtümlich erhalten haben, informieren Sie bitte sofort den Absender und vernichten Sie diese E-Mail.
Das unerlaubte Kopieren sowie die unbefugte Weitergabe dieser E-Mail sind nicht gestattet.

## 6. Geld und Lohn

*»Erfahrung bezahlt man nicht. Die gibt's bei uns gratis.«*
Großzügige Geste

*»Sie sind jetzt fünf Jahre bei uns. Haben Sie schon mal
ausgerechnet, wie viel Geld Sie in diesen fünf Jahren hier
rausgeschleppt haben? Hunderttausende Euro!
Und Sie wollen mehr Geld?«*
Appell an die soziale Verantwortung

*»Schicken Sie doch Ihre Frau arbeiten.«*
Wenn es ums Geld geht, wird selbst ein Macho-Chef zum
Gerechtigkeitsfanatiker …

*»Schau mal. Du bist hier jeden Tag an der frischen Luft, das
Wetter ist schön, die Sonne scheint … Du solltest nicht so aufs
Geld fixiert sein.«*
… oder zum Kapitalismuskritiker.

*»Dass Sie fünf Kinder haben, ist alleine Ihre Sache.«*
Rückzug ins Private

*Angestellter: »Ich möchte mal so viel verdienen, wie Sie Steuern
zahlen.«*
*Chef: »Und ich möchte mal so viel Steuern zahlen, wie Sie
verdienen.«*
Retourkutsche

*»Wenn Sie so tun, als würden Sie arbeiten, werde ich so tun,
als würde ich Sie dafür bezahlen.«*
Simulanten unter sich

»*Sie können nicht die Firma dafür verantwortlich machen,
wenn Sie über Ihre Verhältnisse leben.*«
Appell für mehr Eigenverantwortung

»*Ihr gefühltes Gehalt ist Ihr Nettogehalt pro effektiver
Freizeitstunde. Das können Sie auch durch Reduzierung Ihrer
Freizeitstunden erhöhen.*«
Rechentrick für Fortgeschrittene

»*Zum Geldausgeben brauche ich Sie nicht. Das kann ich selber.*«
In einer Verhandlung mit der Marketing-Abteilung

»*Wer sich Fahrtkosten erstatten lässt, hat ein Motivations-
problem.*«
Anstiftung zum Schwarzfahren

»*Nehmen Sie mein Wort oder meine Unterschrift niemals als
gegeben hin.*«
Wenn man schon ein Versprechen für eine Gehaltserhöhung
abgegeben hat, kann man sich mit diesen Worten immer noch
aus der Affäre ziehen.

## 7. Entlassung

»*Kommen Sie doch mal bitte in mein Büro. Es ist auch
das letzte Mal.*«
Aufmunternde Geste

»*Ich habe mir Gedanken über Ihre Zukunft gemacht. Sie sind
hier in diesem Umschlag.*«
Tarnmanöver

»Lenin sagte schon: Wenn 100 Leute aus der Partei austreten, macht es die Partei nicht schwächer, sondern stärker.«
Hat Lenin zwar so nie gesagt – macht aber immer Eindruck.

»Die Abteilung Euphorie wird geschlossen, die Abteilung Hoffnung wird eröffnet.«
Innerbetriebliche Umstrukturierung

»Wie lange arbeiten Sie hier schon – morgen mal nicht mitgerechnet?«
Fangfrage

»Was kosten Sie? Sie müssen weg.«
Schachmatt in zwei Zügen

»Wir konnten es uns nie ohne Sie vorstellen – ab morgen wollen wir es versuchen.«
Mut zum Umbruch

»Sie müssen noch einiges lernen, aber nicht bei uns.«
Abschiedsfloskel

»Selbst Ihnen wünsche ich eine berufliche Zukunft.«
Man will ja schließlich kein Unmensch sein.

»Ein Blinddarm fehlt auch.«
Abschiedsgruß an einen Mitarbeiter, der sich für unersetzlich hielt

## Lernen von den Besten

*»Für den Kranken besteht Hoffnung, solange er atmet.«*
Lateinisches Sprichwort

*»Wenn ihr euch nicht die Mühe macht, am Samstag hier aufzutauchen, dann macht euch gar nicht erst die Mühe, am Sonntag aufzutauchen.«*
Dieser Spruch prangte Berichten zufolge auf dem Schreibtisch des ehemaligen Goldmann-Sachs-Chefs Henry Paulson.

*»Der Kampf geht weiter. Den Sonntag kriegen wir jetzt auch noch weg.«*
Peter Dussmann, früherer Dussmann-Chef auf einer Feier gegen feste Ladenschlusszeiten

*»Hier liegt ein Mann, der es verstanden hat, bessere Leute, in seinen Dienst zu stellen.«*
Andrew Carnegie, amerikanischer Industrieller

*»Auch Zitronen geben nur Saft, wenn man sie auspresst.«*
Manager bei Siemens

Kapitel 7

# Der Code-Meister
# Was Chef sagt – und was
# er wirklich meint

Als Chef ist man oft in einer Zwickmühle. Man will die Erwartungen seiner Mitarbeiter nicht enttäuschen, obwohl man weiß, dass man ihre Wünsche nicht immer erfüllen kann. Wie aber schafft man es, dass der andere das »Nein« als »Ja« empfindet?

Manager und Politiker haben über die Jahrzehnte einen ganz eigenen Code entwickelt, um Widersprüche zwischen Anspruch und Wirklichkeit zu vertuschen. Ein gutes Beispiel ist eine Rede, die Bundeskanzlerin Angela Merkel am 7. September 2011 im Bundestag hielt. Es ging dabei um das große Ganze, um Deutschlands Stellung in der Welt – und um die Arbeit der Regierung.

Die CDU-Chefin versuchte, zwei völlig konträre Nachrichten zu senden. Botschaft Nummer eins: Es geht Deutschland gut. Botschaft Nummer zwei: Es droht das Schlimmste, wenn nicht grundlegend umgedacht wird.

Die »Frankfurter Allgemeine Zeitung« (»FAZ«) paraphrasierte Merkels Argumentation am 7. September 2011 in einer rhetorischen Analyse. Deren ungefährer Verlauf ging demnach so:

»Deutschland geht es gut. Den Bundesländern, die von Rot oder Grün regiert werden [...], schlecht. Das ganze Land aber steht besser da als noch vor Jahren. Wir leben nicht in normalen Zeiten, die Probleme stellen sich ›mit unglaublicher Schärfe‹. Aber Deutschland geht es gut. Es muss jetzt auch Europa gut gehen. Alles ist auf einem guten Weg, [...] Es gibt kein ›Weiter so‹. [...] Scheitert der Euro, scheitert Europa. [...] Der Euro wird nicht scheitern.«

Man fühlt sich nach diesen Worten so leer wie ein leerer Luftkissenboothangar. »Es war in Deutschland wohl noch nie so schwer, die Einschätzung der politischen Situation von den Worten des amtierenden Regierungschefs abhängig zu machen«, schreibt die »FAZ« im Fazit ihrer Rhetorik-Analyse.

Eines aber kann man der Kanzlerin nicht vorwerfen: dass sie die Unwahrheit gesagt hat. Sie hat vielmehr so geschickt vor sich hin geredet, dass man in ihre Worte alles hineininterpretieren kann. Und das macht sie absolut unangreifbar.

*Eine ähnliche Technik wenden Chefs in unangenehmen Mitarbeitergesprächen an. Oder auch, wenn sie zu einem Thema etwas sagen müssen, von dem sie keine Ahnung haben und auf das sie sich aus Zeitnot nicht vorbereiten konnten. Im Folgenden einige besonders groteske Verklausulierungen – samt Übersetzung, was sie wirklich bedeuten.*

*»Der Vorstandsvorsitzende weiß sehr genau, dass Sie alle einen sehr guten Job gemacht haben.«*
Im Klartext heißt das: Der kennt nicht mal Ihre Namen und will sich auch gar nicht mit Ihnen abgeben. Das muss ich leider tun.

*»Leistungsbereitschaft wird auf jeden Fall honoriert.«*
Nicht gekündigt zu werden, muss allerdings Honorierung genug sein.

»*Wenn IRGENDETWAS sein sollte: Kommen Sie zu mir.*
*Meine Tür steht IMMER offen.*«
Aber BITTE erwarten Sie nicht von mir, dass ich Ihnen helfe
oder eine sonst wie geartete Lösung parat habe.

»*Vertrauen ist der Anfang von allem.*«
Vor allem, wenn man dem Chef bei Gehalt und Resturlaub
vertraut.

»*Bei uns steht der Mitarbeiter im Mittelpunkt.*«
Damit man ihn von allen Seiten treten kann.

»*Wer mit Bananen bezahlt, kann nur mit Affen rechnen.*«
Soll heißen: Es stimmt schon, unsere Mitarbeiter sind unter-
bezahlt. Eine Gehaltserhöhung gibt's trotzdem nicht.

»*Da bin ich voll bei Ihnen.*«
Ich hab keine Ahnung, was Sie mir da grad erzählen.

»*Das Leben ist kein Wunschkonzert.*«
Aber einer spielt natürlich immer die erste Geige.

»*Sie sind eine tragende Stütze dieser Firma.*«
Sie bleiben heute so lange hier, bis das fertig ist.

»*Wir müssen unsere Sichtweisen miteinander abgleichen.*«
Ich hab recht. Du verlierst.

»*Arme und Beine bilden rotierende Scheiben und berühren den*
*Boden nur zum Richtungswechsel.*«
Dazu fällt selbst dem besten Kryptografen keine Übersetzung
mehr ein.

# IM BUNDESWEHRORCHESTER

# Kapitel 8

# You're in the army now
# Chef-Sprüche beim Bund

In Restaurants, Werbeagenturen, Discountern oder Zeitungsredaktionen werden Mitarbeiter bisweilen schon im Kasernenton angeherrscht. Doch das Original macht seinem Namen noch immer alle Ehre.

Zwar ist die Wehrpflicht inzwischen abgeschafft worden, zwar haben moderne Management-Methoden auch vor der Bundeswehr nicht haltgemacht – trotzdem haben sich manche Ausbilder noch viel vom rauen Umgangston erhalten, auf den Ehemalige teils amüsiert, teils genervt zurückblicken.

»Arschloch zu sein«, sagt einer, der lange beim Bund war, »scheint in manchen deutschen Regionen noch immer im Anforderungsprofil von Armeechefs ganz oben zu stehen.« SPIEGEL-ONLINE-Leser, Panzergrenadiere und andere Niederrangige bestätigen diese Einschätzung oft. Manche blicken aber auch gern auf ihre Zeit beim Bund zurück – denn so bizarre Dinge wie damals haben sie selten wieder gehört.

# Rhetorik-Salven wie aus der Panzerfaust

»*Man nennt mich ›Das Rohr‹. Ich gebe Ihnen Drall, Druck und Geschwindigkeit.*«
So stellte sich ein Ausbildungsoffizier am ersten Tag den Rekruten vor.

»*Man muss manche Menschen erst brechen, um sie aufzubauen.*«
Führungsutopie

»*Sie sehen auf dem Kopf aus wie mein Dackel am Arsch.*«
Harte Haudegen mal ganz sinnlich

»*Wenn Sie so viel arbeiten würden, wie Sie dämliche Fragen stellen, dann müssten wir uns um unsere Sicherheit keine Sorgen mehr machen.*«
Konter gegen wissbegierige Rekruten

»*Wenn Idioten fliegen würden, wären Sie Geschwader-kommodore.*«
Warnung an geistige Tiefflieger

»*Es gibt Tage, da verliert man. Und es gibt Tage, da gewinnen die anderen.*«
Tröstende Worte an einen Rekruten, der die dritte Nacht-schicht in Folge machen musste

»*Sie sollen nicht satt werden, Sie sollen nur überleben.*«
Keks-Diät bei der Marine

»*Ich lache nur einmal im Quartal. ›HA!!!‹ Und das war jetzt.*«
Warnung an Witzbolde

*»Wir spielen Wildschwein. Ich grunze, und Sie graben sich ein.«*
Variante des in Anzugs-Branchen sehr verbreiteten Helikopter-Spiels (siehe Kapitel 4)

*»Die Kompanie marschiert wie eine dicke Raupe, die den Baum runterrutscht.«*
Nach 20-Kilometer-Marsch

*Chef: »Sie haben etwas verloren.«*
*Rekrut: »Was denn?«*
*Chef: »GESCHWINDIGKEIT!«*
Nach 30 Kilometern

*»Laufen Sie. Oder Sie werden gelaufen. Und zwar von mir.«*
Nach 40 Kilometern

*»Sie haben 5 Minuten Zeit. Zeitsprung! Jetzt nur noch 3 Minuten.«*
Deadline-Druck im Schützengraben

*»Herr Unteroffizier, Ihr Wortschatz passt auf die Rückseite einer Briefmarke.«*
Wäre dieser Spruch käuflich zu erwerben, könnte man ihn sicher aus der Portokasse bezahlen.

*»Es gibt keine Krankheit oder Verletzung, die nicht mithilfe unserer Sanitäter zum Tode führen könnte.«*
Baldrian-Rhetorik im Lazarett

*»Dies ist ein deutsches Bundeswehr-Gebäude. Das steht von allein. Also wird sich nicht angelehnt.«*
Der Soldat als Stützpfeiler der Gesellschaft

»Grinsen einstellen. Wenn Sie sich freuen, mich zu sehen, dann
wedeln Sie von mir aus mit dem Schwanz. Aber stellen Sie das
blöde Grinsen ein.«
Rekruten-Dressur

»Wieso bekomm ich den Dreck mit dem Finger weg – und Sie
nicht mal mit dem Lappen? Muss wohl 'n Zauberfinger sein.«
Feldwebel mit Sauberkeitsfimmel

»Wenn Gott gewollt hätte, dass Sie mich volllabern, dann wären
Sie meine Frau.«
Kommunikationsverweigerung

»Ein deutscher Soldat friert nicht, er zittert höchstens vor Wut,
dass es nicht noch kälter ist.«
Abhärtung à la Chuck Norris

# Kapitel 9

# »Herr Offer, reden Sie nicht …«
# Ein Königsdrama über Chefs in der Politik

Dramatis Personae:
*Wolfgang Schäuble, Finanzminister*
*Michael Offer, sein Pressesprecher*

1. Akt

*4. November 2010. Eine Pressekonferenz in Berlin. Der Raum ist gut gefüllt mit Journalisten. Kameraklicken. Auftritt Wolfgang Schäuble und sein Pressesprecher Michael Offer.*

*Offer:* Ja meine … Meine sehr verehrten Damen und Herren. Ich begrüße Sie zu der Pressekonferenz mit dem Bundesfinanzminister. Wir haben eben unsere Pressemitteilungen auch verteilt dazu, es hat da …
*Zwischenrufe, Protest.*
*Offer:* Ist noch nicht verteilt? Sie läuft dann seit einigen Minuten über die Ticker. Äh. Wir machen …
*Schäuble (resigniert):* Verteilen!

97

*Offer:* Wir verteilen's. Dann verteilen wir sie.

*Schäuble:* Dann haben Sie nämlich die Zahlen, und ich brauche sie Ihnen nicht vorlesen. Sie können sie mitlesen. *(Zu Offer gerichtet, eine Wange in die rechte Faust geschmiegt):* Ja, das hatte ich gerade vor 20 Minuten noch gesagt. Es wär' schön, wenn die Zahlen verteilt werden.

*Schäuble lacht diabolisch. Raunen im Saal.*

*Offer:* Wir haben … wir haben noch einigen Service dazugegeben, zwei Grafiken …

*Schäuble:* Herr Offer, reden Sie nicht, sondern sorgen Sie dafür, dass die Zahlen *jetzt* verteilt werden.

*Vereinzeltes Gelächter im Saal.*

*Offer:* Meine Kollegen kümmern sich ja schon.

*Schäuble:* Und so lange … und so lange verlasse ich jetzt noch mal diese Pressekonferenz. Wenn Sie die Zahlen verteilt haben, sagen Sie mir Bescheid.

*Vereinzeltes Klatschen im Saal.*

*Schäuble:* Das hatte ich Ihnen vor 'ner halben Stunde gesagt. Sorry, ich hatte … ich hab's ja gesagt, wir hätten wetten sollen: Sie werden die Papiere nicht verteilt haben. Das hab' ich gesagt, gerade erst vor 'ner halben Stunde.

*Offer:* Gut, ich kümmer mich. Wir sehen uns gleich.

*Abgang Schäuble, Abgang Offer. Die Konferenz wird unterbrochen.*

## 2. Akt

*20 Minuten später. Auftritt Schäuble. Offer ist nicht da.*

*Schäuble (lacht):* Kann mir mal einer den Herrn Offer herholen? Wir warten noch, bis der Herr Offer da ist. Er soll den Scherbenhaufen selber genießen. Jetzt holen wir den Offer noch her. Das machen wir noch. So viel Zeit muss sein. *(zu den Journalisten)* Die politische Botschaft, die wir jetzt austeilen, haben Sie ja schon geschrieben. Und sie ist im Übrigen falsch.

*Auftritt Offer. Verteilt Zettel. Stille im Saal.*

Schäuble: Zeigen Sie mal, was Sie verteilen lassen. Ja, ich bin vorsichtig.

*Offer (legt Schäuble ein Exemplar auf den Tisch):* Ich hab extra ein Stück …

Schäuble: Sehr gut. Sehr gut.

*Offer:* Soll ich noch einmal begrüßen?

*Gelächter im Saal.*

Schäuble: Sollen wir jetzt noch mal warten? Mir ist's egal. Im Gegensatz zu Ihnen hab ich ja Zeit.

*Gelächter.*

Schäuble: Lachen Sie nicht!

*Offer:* Ich sag noch einmal, was die Neuerung ist. Wir haben hinten zwei Grafiken angefügt: eine für den Bund und eine für den Gesamtstaat, die Ihnen die Entwicklungen seit 2008 noch mal zeigen. Bei den Einnahmen …

Schäuble: Wenn Sie bisher nichts verteilt haben, ist das auch keine Neuerung … *(Unterbricht sich, blickt zu Boden.)* Jetzt fangen Sie aber an. Ich habe meine spöttische Seite.

*Offer:* Ich begrüße Sie ganz herzlich zu dieser Pressekonferenz …


3. Akt

*9. November. Schäuble allein, auf dem Tisch ein Brief von Michael Offer.*

*Schäuble (liest):* »Ich erkläre damit meinen Rücktritt als Ihr Sprecher und bitte um Zuweisung einer neuen Aufgabe.«

# Kapitel 10

# Interview
# »Vielleicht halten deine Angestellten dich für ein komplettes Arschloch«

**»Stromberg«-Erfinder Ralf Husmann über Büro-Ekel, Chefs im Fernsehen und seine eigenen Führungskünste.**

Ralf Husmann gilt als Erfinder des wohl schrecklichsten Chefs der Welt. Die TV-Figur, die er sich ausgedacht hat, heißt mit Nachnamen »Stromberg« und ist in der gleichnamigen TV-Serie unter anderem Ressortleiter der Schadensregulierung M bis Z bei einer ganz normalen deutschen Versicherung.

Und Bernd Stromberg ist ein Manager-Monster, wie es viele Angestellte aus dem eigenen Büroalltag kennen. Er hat keine Empathie, kein Mitgefühl für die Probleme und Leiden seiner Angestellten, er weiß fast nichts über sie, er hasst den Betriebsrat, er kann nicht loben, und seine fachlichen und sozialen Kompetenzen gehen gegen null. Auch verheddert er sich oft in absurden Sprachbildern und verblüfft mit enorm unmotivierenden Motivationssprüchen.

Fünf Staffeln der Serie wurden inzwischen ausgestrahlt, einzelne Folgen haben Millionen Menschen gesehen.

Die Figur Stromberg passt gut zu Husmanns restlichem Œuvre. Der Produzent hat ein Faible für Anti-Helden. Diese bevölkern nicht nur das Großraumbüro von »Stromberg«, sondern auch seine anderen Serien, zuletzt »Dr. Psycho«. Manche Kritiker nennen Husmann deshalb den »Meister des Erbärmlichen«.

Husmann bittet darum, das Interview »nicht vor zehn Uhr morgens« zu führen, da er vorher »keinen zusammenhängenden Satz artikulieren« könne – wovon dann ja weder der Interviewer noch der Interviewte etwas hätten. Als er gegen elf Uhr anruft, geht das mit dem Sprechen schon ganz gut.

**Herr Husmann, hatten Sie mal einen Stromberg als Chef?**
Nein, nie. Ich hatte immer großes Glück.

**Es gab also keinen Vorgesetzten, der Sie zu der Serie inspiriert hat?**
Nur einen fiktiven. Ich hatte mir für die Serie »Anke« mit Anke Engelke einen Redaktionsleiter ausgedacht. Der war als Chef … sagen wir mal: unkonventionell. Ich fragte mich seinerzeit: Wie würde das wohl aussehen, wenn dieser Mensch in einem normalen Büro arbeitet und nicht beim Fernsehen. Da lag die Idee nah, daraus ein Spin-off zu machen.

**Warum wurde daraus nichts?**
Weil mir zunächst kein Sender das Format abgekauft hat. Das hat sich erst geändert, nachdem »The Office« Erfolg hatte – und nachdem wir beschlossen hatten, unsere Büro-Ekel-Show wie das US-Vorbild in Form einer Pseudo-Dokumentation zu erzählen, bei der eine Kamera scheinbar echten Alltag filmt und die Figuren ab und zu Interviews in die Kamera geben.

**Was war für Sie an einer Serie über Chefs reizvoll?**

Ein Chef ist eine Extremfigur, die viele Tabubrüche zulässt, auch gegen Frauen und Ausländer. Die Form einer Pseudo-Dokumentation eröffnet zudem viel künstlerischen Freiraum, denn sie ermöglicht eine zusätzliche Erzählebene, mit der sich spielen lässt. Und natürlich gibt Christoph Maria Herbst in der Rolle des Chefs der Serie einen großen Reiz.

**Welche Bedeutung hat er für die Show?**

Christoph hat die Figur deutlich weiter entwickelt, als wir es auf dem Papier getan hatten. Er schafft es, ein Arschloch zu spielen, das einem trotzdem sympathisch ist. Das gibt der Figur viel charakterliche Tiefe.

**Wie haben Sie den Charakter Bernd Stromberg entwickelt?**

Am Reißbrett. Ich bin Geschichten durchgegangen, die mir Freunde erzählt haben, und habe diese mit meinen eigenen Beobachtungen abgeglichen. Mir war schnell klar, welche Eigenschaften der Charakter haben muss und welche Konflikte ihn umtreiben. Jedes Büro ist im Kern gleich. Egal, ob Sie in einer Werbeagentur arbeiten oder im Verteidigungsministerium. Sie finden überall dieselben Mechanismen.

**Selbstüberschätzung zum Beispiel.**

Ja, wobei Sie die nicht nur bei Chefs finden, sondern auch bei vielen normalen Angestellten. Die meisten Menschen würden doch zum Beispiel von sich behaupten, sie hätten Humor; und wenn man dann mit ihnen spricht, stellt man sehr schnell fest, dass das in vielen Fällen einfach nicht stimmt. Bei Chefs ist Selbstüberschätzung allerdings oft besonders ausgeprägt – weil die wenigsten Mitarbeiter sich trauen, ihre Vorgesetzten zu kritisieren.

**Sie sind ja auch selbst Chef. Wie sehr fürchten sich Ihre Mitarbeiter vor Ihnen?**
Ich hoffe, dass sich ihre Furcht in Grenzen hält, und bemühe mich um einen offenen Dialog. Ich habe aber durchaus festgestellt, dass mir die Leute, nachdem ich Chef geworden war, deutlich weniger erzählt haben als vorher. Dass zum Beispiel unser Beleuchter nicht mehr mit der Kamerafrau zusammen war, habe ich als Letzter erfahren. In diesem Moment dachte ich mir: »Du denkst, du gehörst noch dazu, aber das bildest du dir nur ein.« Dieses Kommunikations-Vakuum ist gefährlich. Du denkst, deine Angestellten finden dich spitze. Aber vielleicht halten sie dich auch für ein komplettes Arschloch.

**Tun das Ihre Angestellten?**
Ich hoffe nicht. Aber ich habe sicher nicht immer alles richtig gemacht. Im Medienbereich kommt man ja karrieremäßig schnell sehr weit. Plötzlich ist man Chef, ohne den Hauch einer Ahnung zu haben, was das bedeutet. Ohne sich der Konsequenzen des eigenen Handelns bewusst zu sein. Dann wird beim Fernsehen phasenweise so hart und intensiv gearbeitet, dass sehr schnell ein familiäres Gefühl entsteht. Im Überschwang macht man dann schon mal einen flapsigen Spruch, den man später bereut.

**Was haben Sie denn so gesagt?**
Ich will es mal so ausdrücken: Ab und an habe ich als junger Chef Sachen gesagt, die mir vermutlich als sexuelle Belästigung hätten ausgelegt werden können. Heute würde ich so was nicht mehr tun.

**Stromberg rutschen ständig rassistische oder sexistische Sprüche heraus. Merkt er insgeheim, dass er seine Mit-**

arbeiter verletzt? Oder ist er ein Verdrängungskünstler, der die eigenen Fehler sofort wieder vergisst?

Öffentlich würde er nie sagen: »Da habe ich wohl danebengehauen.« Da ist er der Bundeskanzlerin sehr ähnlich. Angela Merkel sagt ja auch nicht: »Da habe ich einen Fehler gemacht«, sondern sie sagt: »Ich habe neue Erkenntnisse gewonnen und meine Entscheidung auf deren Basis weiterentwickelt.« Innerlich machen Stromberg die eigenen Fehler aber schon zu schaffen, und so kommt es in der Serie immer mal wieder zu Übersprungshandlungen: Es gibt zum Beispiel eine Szene, in der er eine Mitarbeiterin erst beleidigt und ihr danach bei einem Spendenaufruf einen Hunderter in den Topf wirft.

**Stromberg weiß, dass er Fehler macht, ist aber nicht in der Lage, sich grundlegend zu ändern?**

Ja. Und gleichzeitig braucht er den Anschluss in der Abteilung. Denn da er außerhalb der Arbeit kaum Freunde hat, führt er im Büro ein Ersatzsozialleben. Er versucht, Frauen kennenzulernen und bei seinen Mitarbeitern gut anzukommen. Ohne seine Angestellten wäre er sehr einsam.

**Was denkt Stromberg über seine Mitarbeiter? Nimmt er sie als Menschen wahr?**

Es gibt in seinem Kopf nur schlecht ausgearbeitete Skizzen von seinen Angestellten. Weil er sich nicht wirklich mit ihnen beschäftigt und sie recht schnell in ein Klischeenetz einordnet. In der fünften Staffel etwa kommt heraus, dass ein indischer Mitarbeiter katholischen Glaubens ist. Stromberg war das natürlich nie aufgefallen. Einem türkischen Abteilungsleiter-Kollegen misstraut er, seine weibliche Vorgesetzte ist ihm oft unbequem.

Solche Vorurteile kennt man auch aus dem eigenen Leben. Wie stark bestimmen sie unseren Arbeitsalltag?
Stärker, als wir denken. Zwar ist es inzwischen nicht mehr politisch korrekt, Dinge zu sagen wie: »Mein PC ist kaputt. Hol mal den Inder.« Unterschwellig aber ist unser Denken noch sehr stark von Vorurteilen geprägt. Viele behelfen sich mit Formulierungen wie: »Ich bin prinzipiell sehr für Frauen, nur mit dieser einen, die *zufällig meine* Vorgesetzte ist, habe ich ein menschliches Problem.«

**Es gibt Hunderte Ratgeber über die Kunst der Führung. Hat Stromberg so etwas schon mal gelesen?**
Er ist genau der Typ, der so ein Buch einmal halb durchliest und denkt, er wisse alles über Führung. Ich denke, dass viele Chefs in kleinen und mittelgroßen Unternehmen genauso ticken.

**Ist das ein Grundmanko? Manager mit Ratgeberwissen, die sich selbst nicht eingestehen, wie sehr ihre sozialen Aufgaben sie überfordern?**
Die Führungskünste vieler Chefs entsprechen den Sprachkünsten von Menschen in einem Volksschulkurs »Italienisch für Anfänger«. Sie glauben, sie können eine Sprache in 30 Tagen lernen. Dabei wissen sie noch nicht einmal die einfachsten Vokabeln.

**In der Serie wird nicht erklärt, wie Stromberg es auf den Chefposten geschafft hat. Haben Sie dazu je theoretische Überlegungen angestellt?**
Nein, ich mache grundsätzlich keine Hintergrund-Entwürfe zu Charakteren. Generell aber steht Strombergs Beförderung für die Beförderungspraxis in vielen Läden. Karriere machen ja oft diejenigen, die ihren Vorgesetzten am

ähnlichsten sind. Es ist der Grund, warum immer die größten Arschlöcher befördert werden.

**In der fünften Staffel von Stromberg greifen Sie diesen Gedanken auf: Der Ekel-Chef hat Chancen, in den Vorstand aufzusteigen.**
Das war ein notwendiger Erzählkniff. Er ermöglicht uns, die Figur in völlig neuen Kontexten zu zeigen. Die Geschichte des Abteilungsleiters ist ja irgendwann auserzählt. Außerdem zeigt der Karrieresprung: Der Arbeitsalltag besteht zu 30 Prozent aus Arbeit und zu 70 Prozent aus Intrigengefummel. Man muss nicht fachlich brillieren, man muss sich raufschaffen, wie die Strukturen funktionieren. Dann klappt das auch mit der Karriere.

**Trotzdem, ist es nicht unrealistisch, dass jemand, der so viel Mist baut wie Stromberg, nicht irgendwann fliegt?**
Ich glaube, dass große Firmen genau so funktionieren. Gefeuert wird man nicht wegen fachlicher oder sozialer Inkompetenz. Weil es für die Firma viel zu aufwendig wäre, einen neuen Chef zu suchen. Man muss schon die Bilanz frisieren und dabei erwischt werden, wenn man gefeuert werden will. Solange man das Minimumsoll erfüllt, hat man kaum was zu befürchten – auch wenn man noch so ein schlechter Chef ist.

**Warum glauben Sie das?**
Weil ich es selbst erlebt habe. Zum Beispiel beim WDR. Ich war damals noch sehr jung, habe mich aber dennoch gefragt: »Warum ist jetzt ausgerechnet *der* befördert worden? Der arbeitet doch seit fünf Jahren so gut wie gar nicht.« Später habe ich erfahren, dass gewisse Menschen *gerade* befördert werden, damit man sie loswird.

**Wenn Sie Stromberg als Chef hätten – was würden Sie tun?**
Ich würde vermutlich kündigen. Das hängt aber immer von den Lebensumständen ab. Was habe ich für Alternativen? Bin ich mutig genug, noch einmal von vorne zu beginnen? Ich bin, Gott sei Dank, in einer komfortablen Position.

**Verdirbt Chefsein den Charakter?**
Zumindest geht es mit gewissen Verhaltensveränderungen und mit Veränderungen des eigenen Umfelds einher – die langfristig oft auch den Charakter verändern. Ich habe kürzlich in einem TV-Porträt gehört, dass der Deutsche-Bank-Chef Josef Ackermann angeblich noch immer ins Grübeln gerät, wenn er an einem Penner vorbeiläuft. Das kann ich einfach nicht glauben. Weil Josef Ackermann vermutlich nie an einem Penner vorbeiläuft. Schließlich wird er überall hingefahren.

**Glauben Sie, dass Chefs, die wie Stromberg sind, Ihre Serie gucken – und sich in dem Charakter wiedererkennen?**
Nein. Da wird viel verdrängt. Ich habe mit zahlreichen Chefs über die Serie gesprochen – vom *big boss* bis zum Abteilungsleiter. Aber es hat noch nie jemand gesagt: »Großer Gott, ich bin manchmal auch so. Danke, dass du mir die Augen geöffnet hast.« Stattdessen höre ich oft: »Ich kenne da einen, der ist genauso wie Stromberg.«

## Die schönsten »Stromberg«-Sprüche

»Sensibilität ist alles.«

»Tauche deinen Füller nie in Firmentinte.«

»Wenn du als Chef beliebt bist, hast du schon irgendwas
falsch gemacht. Dann kannst du auf deiner Nase
gleich 'ne Diskothek eröffnen, wo die anderen rumtanzen
können.«

»Hätte hätte Fahrradkette.«

»Ich leg dir gleich das ganze Gelumpe auf deinen Tisch,
und ich brauch das natürlich wie der Graf von Molto Presto,
sag ich mal.«

»Dann machen Sie das jetzt aber pronto torronto fertig.«

»Hier ist ja 'ne Stimmung wie bei der Oma unterm Rock.«

»Ich besteh ja zu 90 Prozent aus Ellenbogen und zehn
Prozent Herz. Und Hirn natürlich, noch mal 30, 40 Prozent.
Durchsetzen, mit Charme und Köpfchen.«

»Ich mach's wie der liebe Gott. Der lässt sich … der lässt sich auch nicht so oft blicken, hat aber trotzdem ein gutes Image.«

»Als Chef musst du auch Spannungen aushalten können, und wenn die Luft mal wieder zum Schneiden ist, musst du ein Messer mitnehmen.«

»Du musst auf den Nerven von anderen ›La Paloma‹ spielen.«

»Wenn du hier als Chef 'nen Furz lässt, dann fordert der Betriebsrat gleich 'ne Lärmschutzwand.«

»Ja glaubt ihr, ich bin im Anzug zur Welt gekommen?«

2. TEIL

**WISSEN**

*

Durchschnittlicher Arbeitstag
von Burnout-Betroffenen

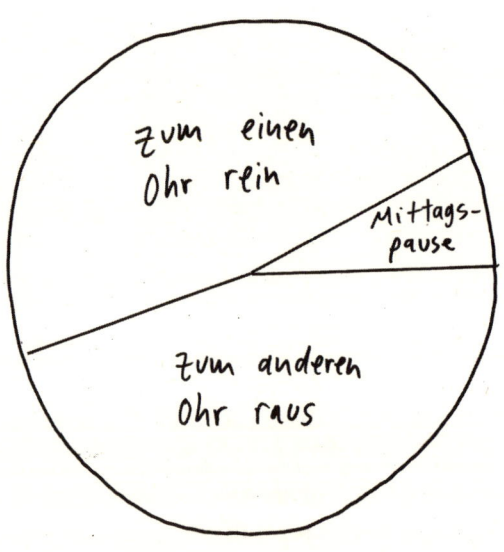

QUELLE: H&B.

Kapitel 11

# Die Folgen schlechter Chefs Millionen Deutsche haben innerlich gekündigt

Nachdem Sie nun Hunderte amüsante, skurrile und schockierende Chefsprüche gelesen haben, stellen Sie sich vielleicht die Frage nach den Folgen eines solchen Managements. Ohne Konsequenz, das sagt einem schon der gesunde Menschenverstand, dürfte ein solches Verhalten schließlich kaum bleiben.

Tatsächlich gibt es Untersuchungen zu den Zusammenhängen zwischen schlechter Führung und ihren Auswirkungen auf die Mitarbeitermotivation. Und es gibt Schätzungen zu den wirtschaftlichen Schäden, die daraus entstehen.

3,7 Millionen Führungskräfte gibt es nach Angaben des Deutschen Instituts für Wirtschaftsforschung in der Bundesrepublik. Ein beträchtlicher Teil davon ist offenbar regelmäßig mit seinem Aufgabenprofil überfordert. Laut einer Online-Umfrage der Ruhr-Uni Bochum sind nur 20 Prozent der Mitarbeiter mit ihren Führungskräften zufrieden; mehr als die Hälfte sind ausdrücklich unzufrieden.

Laut »YouGov PeopleIndex 2008« des Marktforschungsinstituts Psychonomics gibt sich jeder dritte von rund 10 000 Befragten am Arbeitsplatz keine wirkliche Mühe.

10 bis 20 Prozent sind ausgesprochen unzufrieden, demotiviert und ihrem Arbeitgeber nur wenig verbunden.

Laut dem Gallup Engagement Index 2010, einer Umfrage unter 1920 Arbeitnehmern, hat jeder fünfte Erwerbstätige überhaupt keine emotionale Bindung zu seinem Unternehmen. Sieben Millionen Menschen arbeiten demnach nur das Nötigste oder sabotieren gar die eigene Firma.

Eine wichtige Ursache für schlechte Mitarbeitermotivation ist laut Gallup-Index der Chef. In der Studie werden ausdrücklich die Reaktionen von Mitarbeitern abgefragt, die sich von ihrem Chef schlecht geführt fühlen. Das Ergebnis: 45 Prozent der Angestellten, die innerlich gekündigt haben, würden ihren Vorgesetzten umgehend entlassen, wenn sie die Möglichkeit dazu hätten.

## Das autistische Unternehmen

Einen Chef zu haben, der nicht motivieren kann, ist für Angestellte umso schlimmer, wenn die Arbeit, die sie verrichten müssen, selbst nicht gerade übermäßig motivierend ist.

Anders als manche Musiker, die aus einem inneren Drang heraus täglich Stunden auf ihren Instrumenten üben, ist Büroalltag ja oft potzlangweilig. Die wenigsten werden einen solchen Job als Schritt zur eigenen Selbstverwirklichung begreifen. Eher als stetige Einnahmequelle oder als Nebenjob, während man die eigene Ausbildung oder das eigene Studium beendet.

Umso nötiger wäre es, in diesen Jobs einen Chef zu haben, der die Mitarbeiter inspiriert. Der es schafft, sie für ihre Arbeit zu begeistern. Der ihnen immer wieder das Gefühl vermittelt, dass ihre Arbeit für die Menschen einen Wert hat.

Doch die Wertschätzung von Arbeit ist in vielen Firmen nicht vorgesehen. Laut dem Motivationsexperten Reinhard Sprenger leben wir in einer Welt, in der es mehr und mehr nur noch darum geht, gewisse Zielvorgaben zu erfüllen. Solche Firmen nennt er »autistische Unternehmen«. Für Angestellte ist es oft äußerst demotivierend, in einem solchen Unternehmen zu arbeiten.

»Wie sollen sich Menschen mit Leidenschaft und Hingabe einsetzen, wenn der Sinn der Veranstaltung ist, irgendwelche Zahlen zu produzieren?«, fragt Sprenger in einer Kolumne im »manager magazin«: »Wie soll eine Mannschaft ein Spiel gewinnen, wenn sie nur noch auf die Anzeigetafel schaut?«

Manager mögen diese Frage ignorieren, sie mögen darauf verweisen, dass es ja bekanntlich darum gehe, was hinten rauskommt, schreibt Sprenger. »Aber dafür ist ein Preis fällig: Zustimmung und Motivation erodieren.«

## Innere Kündigung

Wenn aber der Chef nicht motivieren kann und auch die Arbeit selbst demotivierend ist, dann reißt irgendwann die Verbindung zwischen Firma und Angestellten.

Der Führungsforscher Martin Hilb prägte für ein solches Arbeitsverhältnis im Jahr 1992 den Begriff »innere Kündigung«. Diese sei eine Art Selbstjustiz, schreibt der Wissenschaftler. Der Angestellte fühlt sich ungerecht behandelt und arbeitet nur noch so viel, wie ihm angesichts dieser Behandlung fair erscheint. Er stellt also durch Arbeitsverweigerung sein Gerechtigkeitsgefühl wieder her.

Hilb zufolge stellt sich ein solcher Zustand nicht mal eben so ein. Es reicht nicht, wenn der Chef ab und zu einen schlechten Tag hat und seine Mitarbeiter anranzt; Angestellte zeigten dafür meist sogar Verständnis, schreibt der Wissenschaftler. Nur wenn es gravierende Probleme in der Führung gebe, und nur wenn das längere Zeit so bleibe, kündigten Mitarbeiter innerlich.

Ist dieser Zustand allerdings erst einmal erreicht, bleibt der Groll gegen den Chef nicht selten ein Leben lang bestehen. »Die Sprüche meines Chefs haben sich richtig eingebrannt«, schreibt eine SPIEGEL-ONLINE-Leserin. »Auch wenn die Situationen mittlerweile 16 Jahre her sind.« Nach ihrem Mutterschutz habe sie zwar nie wieder gearbeitet. »Von ehemaligen Kollegen aber weiß ich, dass sich mein Chef bis heute nicht geändert hat.«


## Schlechte Führung kostet Milliarden

Wenn sich Firma und Mitarbeiter immer mehr voneinander entfremden, schadet das letztlich dem Unternehmen. Demotivierte Mitarbeiter fehlen laut Gallup-Umfrage 27,8 Prozent länger als ihre Kollegen; sie entwickeln so gut wie nie Ideen, wie sich die Arbeitsabläufe und Produkte des Unternehmens verbessern lassen; 46 Prozent der Demotivierten spielen gar mit dem Gedanken, wegen ihres Chefs zu kündigen; viele tun es irgendwann, was im Unternehmen zu Know-how-Verlusten führt.

Und zu Geldverlust: Laut Gallup-Schätzung entsteht durch schlecht motivierte Mitarbeiter ein volkswirtschaftlicher Schaden von bis zu 125,7 Milliarden Euro – pro Jahr. Genug Kapital, um 41 Milliarden Big Macs oder 7,3 Millionen VW Golf zu kaufen – oder um elfmal den Etat »Bildung und Forschung« im Bundeshaushalt zu bezahlen.

## Debattenbeitrag
## Chef hat's auch nicht leicht.
## Wie Mitarbeiter ihre Vorgesetzten quälen

Es gibt ohne Frage viele Chefs, die für ihre Mitarbeiter eine Qual sind. Umgekehrt darf man aber nicht vergessen, dass es auch eine Reihe Angestellter gibt, die ihren Vorgesetzten das Leben zur Hölle machen.

Die meisten Chefs schweigen zu diesem Thema. Sie sagen: Man wolle sich nicht über die Macken von Mitarbeitern äußeren, denn dabei könne man nur verlieren. Egal, ob man im Recht sei, egal, wie sehr es einen reizen würde, einmal zu zeigen, dass auch Mitarbeiter fiese Sprücheklopfer seien, man könne nicht darüber sprechen. Das Reden über einen Schutzbefohlenen sei ein zu großer Vertrauensbruch.

Im Hintergrund aber erzählen einige, wie Mitarbeiter sie zur Weißglut bringen. Das fange mit Kleinigkeiten an, zum Beispiel damit, dass ein Angestellter trotz mehrfacher Verwarnung fast täglich zu spät ins Büro komme. Dann gebe es ausländische Mitarbeiter, die einen sofort als Rassisten beschimpften, wenn man ihre Arbeit kritisiere. Andere würden die Dreistigkeit besitzen, im Voraus anzukündigen, dass sie bald krank würden.

Selbst berühmte Anführer beklagen sich bisweilen über das Chefsein. Ex-Telekom-Chef Kai-Uwe Ricke hat in einem Gespräch für den Interviewband »Die da oben. Innenansichten aus deutschen Chefetagen« einmal gesagt, sein Job erfordere eine gewisse Emotionslosigkeit. BASF-Managerin Margret Suckale beteuerte, sie höre von Frauen weit öfter den Satz »Wir bedauern dich« als den Satz »Wir beneiden dich«.

Prinz Philip, Duke of Edinburgh und Ehemann von Königin Elisabeth II., brachte das Chef-Problem vornehm-britisch auf den Punkt, indem er sagte: »Der Ärger mit leitenden Managern ist der, dass zu viele, die nur ein Magengeschwür haben, Positionen bekleiden, die eigentlich nur denen mit zwei Magengeschwüren zustehen.«

Ein anderer Chef beklagt sich darüber, wie ihn eine Mitarbeiterin wochenlang provoziert habe, indem sie praktisch die Arbeit verweigerte. Irgendwann sei ihm dann mal ein wütender Spruch herausgerutscht – der dann prompt in der Zeitung landete.

Nun kann man die Mitarbeiter in Schutz nehmen und argumentieren, dass es eben der Job des Chefs ist, mit solchen Situationen souverän umzugehen. Dass es seine Pflicht ist, stets die Contenance zu wahren, auch wenn ihm die eigenen Angestellten noch so sehr auf die Nerven gehen.

Man kann aber auch die Chef-Seite verstehen: Führungskräfte in mittleren Positionen sind stets in ein kompliziertes System von Zielvorgaben eingebunden, die sich vom Vorstand bis zur niedrigsten Hierarchie-Ebene durchziehen, und in diesem System bekommen sie von vielen Seiten Druck – auch von den Mitarbeitern. Dass manch Vorgesetzter ab und an ausrastet, ist wohl nur allzu menschlich.

Ich hatte den ganzen Morgen meine Hose offen. Und keiner meiner Angestellten hat was gesagt.
Jetzt hat er Spinat zwischen den Zähnen.
H&B

# Kapitel 12

# Nicht alle Chefs sind schlecht
# Der iMotivator Steve Jobs

Nicht nur ein gewisses Verständnis für die Chef-Rolle ist ratsam. Man sollte auch nicht vergessen zu erwähnen, dass es neben Millionen schlechter und mittelmäßiger Chefs durchaus einige fantastische Führungskräfte gibt: Chefs, die ihre Mitarbeiter zu Höchstleistungen anstacheln und ihnen das Gefühl geben, dass ihre Arbeit wichtig ist, dass sie an etwas Großem, Bedeutsamem und Revolutionärem mitwirken, dass sie die Welt, wie wir sie kennen, gerade verändern.

Eines der größten Motivationsgenies war Steve Jobs, Ex-Chef von Apple, Erfinder des iPads und iPhones, Charismatiker und Choleriker, ein Mann, der von seinen Angestellten gleichzeitig verehrt und gefürchtet wurde – und der am 5. Oktober 2011 im Alter von nur 56 Jahren in Palo Alto, Kalifornien, an einem Krebsleiden verstarb.

Jobs inspirierte und motivierte nicht nur seine Mitarbeiter, sondern auch Studenten; Start-up-Chefs und Manager; Künstler, Nerds und Hippies; Buddhisten, Christen, Katholiken; Journalisten und Blogger; Avantgardisten und Normalos. Er war der geborene Anführer, ein Mensch, dem viele bereit waren zu folgen, und das nicht, weil er so besonders »chefig« gewesen wäre, sondern weil er über einen inneren Kompass verfügte. Weil er sich immer und über all sicher war, warum er die Dinge so tat, wie er sie tat, und weil diese anscheinend durch nichts zu erschütternde Überzeugung hochgradig ansteckend war.

Steve Jobs war ein Mann, dem nachgesagt wurde, er könne ein *reality distortion field* erzeugen, die Realität verzerren, er könne die Wirklichkeit kraft seiner Vision verformen.

Tatsächlich schaffte es Jobs nicht nur, Geschäftspartner für sich zu gewinnen, die in der Branche gemeinhin als unnahbar gelten; er diktierte ihnen obendrein auch noch seine Konditionen. Große Plattenlabels, Zeitungsverlage und Fernsehsender verkaufen ihre Premium-Produkte mittlerweile in seinem iTunes-Store, zum Teil für 99 Cent das Stück.

Die Folge solcher Deals sind bahnbrechende Produkte: Ein tragbarer Musikspieler und ein virtueller Plattenladen, die zusammen das Geschäft mit MP3s massentauglich machten – und durch die Musik so mobil wurde wie noch nie. Das iPhone, das das mobile Internet massentauglich machte – und damit den Grundstein für die Verschmelzung von realer und virtueller Welt legte.

Der Erfolg dieser Produkte ist nicht zuletzt Steve Jobs' Verhandlungsgeschick zu verdanken, seiner Motivationskunst, seiner Fähigkeit, grundverschiedene Menschen mitzureißen. Sie haben Apple und ihren Gründer reich gemacht, aber sie haben auch die Welt verändert, digitaler gemacht, zu einem gewissen Grad neu erschaffen.

## Erschaffer einer neuen Welt

Schon recht früh in der Historie des Apple-Konzerns zeigte sich das Motivationsgenie von Steve Jobs. Seinerzeit

schaffte er es, Apples Unternehmensphilosophie, Quali-
tätsanspruch und Teamgeist zu einem einfachen Slogan zu
verdichten. Er lautete:

*»Warum zur Armee gehen, wenn man Pirat sein kann?«*

Jobs erklärte das Apple-Team kurzerhand zu freien, wilden
Menschen, die ihren Gegnern zwar zahlenmäßig haushoch
unterlegen sind, die aber, »unter den richtigen Umständen
und getrieben vom rechten Mut, Dinge erreichen können,
zu denen die Armee nicht in der Lage ist«. So schreibt es
Jay Elliot, ein enger Steve-Jobs-Vertrauter, der lange für
Apple arbeitete, in seinem Buch »iLeadership«, in dem er
den Führungsstil des iPhone-Erfinders analysiert. Die Be-
lohnung für die Piratenidee sei ein besonders ausgeprägter
Teamgeist gewesen, der auch dann noch Bestand hatte, als
der Konzern immer rascher neues Personal einstellte.

Elliot beschreibt, wie Jobs es schaffte, sein wachsendes
Team mit flammenden Reden zu begeistern. Wie er noch
den kleinsten Angestellten per E-Mail lobte, wenn ihm auf-
fiel, dass er gute Arbeit leistete. Wie Jobs jeden größeren
Erfolg, den das Unternehmen feierte, auf einem T-Shirt
verewigte – und dieses an alle Mitarbeiter verschenkte.

Er berichtet aber auch, wie Jobs Angestellte mit De-
tailfragen und Anrufen quälte und was für ein Korinthen-
kacker er bisweilen war. Im Silicon Valley kursieren noch
andere Geschichten zu diesem Thema. Eine handelt davon, wie Jobs an einem Wochenende mitten in der Nacht
einen Angestellten aus dem Bett klingelte, weil er unbedingt sofort über den präzisen Farbton eines Lackes auf
einem Produkt aufgeklärt werden wollte. Jobs' Beliebtheit
haben solche Aktionen kaum geschadet.

Elliot erzählt schließlich, wie Mitarbeiter von Apples

Macintosh-Team eines Morgens nackt im Swimmingpool des *Carmel Inn Restaurants* badeten – zum Schock der anwesenden Gäste. »Steve hatte sowohl die Hallen von Apple als auch andere Orte nach Leuten abgesucht, die den Mut hatten, anders und unkonventionell zu sein und Grenzen zu überschreiten«, schreibt er. »Ich sah das Nacktbaden als Zeichen dafür, dass er sie gefunden hatte.«

## »Bleibt hungrig, bleibt tollkühn«

Ebenfalls legendär ist Steve Jobs' Rede an der Stanford-Universität im Juni 2005. Sie hat noch heute die Kraft, Menschen zu inspirieren, ihre Träume zu verwirklichen.

In seiner gerade mal 15 Minuten langen Rede erzählte Jobs unter anderem, wie er mit Anfang 30 bei Apple rausflog. Im Grunde sei das ein Glücksfall gewesen, sagte er, weil er erst dadurch erkannte, wie wichtig es sei, immer nur das zu tun, was man liebe. Erst durch seinen Rausschmiss habe er festgestellt, dass seine Liebe nicht Apple gehörte, sondern dem Computerdesign an sich.

Diese Liebe habe ihm die Kraft gegeben, Pixar hochzuziehen, eine neue Firma, die Pionierarbeit in Sachen computeranimierte Filme leisten sollte. Und später, als er zu Apple zurückkehrte, um den Konzern aus der Krise zu retten, habe ihn dieselbe Liebe angetrieben. Das sei, so predigte er es den Studenten, der einzige wahre Weg. »Folge deinem Herzen. Finde das, was du liebst. Und begnüge dich niemals mit etwas Geringerem.«

Dann erzählte Jobs noch eine Geschichte. Sie handelte vom Tod. Von der Zeit, in der er das erste Mal an Krebs erkrankte – und ihm die Ärzte eigentlich schon gesagt hatten, er solle »seine noch offenen Probleme regeln«, weil er wohl nur noch wenige Monate zu leben habe. Als die Ärzte entdeckten, dass man seine Krebserkrankung heilen kann, hätten sie geweint.

Er habe damals noch etwas Wichtiges begriffen, sagte Jobs den Studenten in Stanford. »Eure Zeit ist begrenzt. Vergeudet sie nicht. Lasst euch nicht von Dogmen einengen. Lasst den Lärm der Stimmen anderer nicht eure innere Stimme ersticken. Folgt eurem Herzen und eurer Intuition, sie wissen bereits, was ihr wirklich werden wollt. Alles andere ist zweitrangig.«

Kitschig mag das klingen, vielleicht auch esoterisch. Aber wenn man Steve Jobs diese Sätze sagen hört, glaubt man ihm. Und man fühlt sich mutig, inspiriert, voller Tatendrang.

Es würden sich wohl viele Menschen wünschen, sie hätten einen Chef, der solche Funken erzeugen kann, wie der am 5. Oktober 2011 verstorbene Steve Jobs.

**Kapitel 13**

# Chefsein als Kunstform.
# Wie Dirigenten ihre Orchester
# führen

*Nicht nur bei Apple regierte ein Motivationsgenie, auch andere Chefs führen formvollendet. Vor allem anhand großer Dirigenten lässt sich gut beobachten, wie viel ein engagierter Chef seinen Mitarbeitern geben kann.*

*Manche Maestros sind auf diesem Gebiet hochbegabt. Wenn man sieht, wie sie ihren Mitarbeitern ganze Universen öffnen, kommt man nicht umhin zu denken, was es für ein Jammer ist, dass sich so viele Chefs auf diesem Gebiet so wenig Mühe geben. Gäbe es doch nur mehr solcher Führungskräfte! Dann würde nicht nur die deutsche Wirtschaft weit schneller wachsen – es wären auch Millionen von Menschen glücklicher.*

## Die Macht der Maestros

Er galt als Vulkan am Opernpult. Sein Taktstock zerschnitt heranbrandende Sound-Wellen, sein schlohweißes Haar wallte im Rhythmus der Musik auf und ab. Carlos Kleiber dirigierte sich in höchste Leidenschaft hinein, auf dem Podest schuftete er bis zum Rand des Zusammenbruchs.

Unter Klassikkennern galt der 2004 im slowenischen Konjšica verstorbene Maestro als vielleicht bester Dirigent des 20. Jahrhunderts. Nur er, Leonard Bernstein und wenige andere haben es in der Szene der Musikgenies zu Weltruhm gebracht. Glaubt man Itay Talgam, der in Israel selbst zu den Top-Dirigenten zählt, haben Kleiber & Co. ihren Ausnahmestatus vor allem einer Fähigkeit zu verdanken: ihrem unwiderstehlichen Führungsstil.

Talgam muss es wissen. Er schrieb eine Diplomarbeit über den freien Willen und lernte, so sagt er, im Libanon-Krieg 1982, wie wichtig es ist, dass man seinem Vorgesetzten vertrauen kann. Sein Mentor war Leonard Bernstein, Talgam selbst hat mehrere weltberühmte Orchester dirigiert. Inzwischen lebt der dünne Mann mit den barocken Locken und der runden Brille allerdings hauptsächlich von der Lehre.

Sein Spezialgebiet, die Parallelen zwischen Musik und Macht, gibt er an Manager weiter. Auch auf Konferenzen über Kommunikation, Medien oder Internet spricht Talgam oft – Veranstalter bereiten ihm gerne als hippem Querdenker die Bühne.

»Einem Großmeister reichen zum Führen wenige Gesten«, sagt Talgam. »Er kann 110 Musiker mit einem Lächeln kontrollieren.«

## Wie man Krach in Musik verwandelt

Seine Macht zeigt der Dirigent schon zu Konzertbeginn. Er steigt aufs Podium, während unten im Orchestergraben die Streicher ihre Violinen und Celli stimmen, während die Bläser ihre Posaunen und Tuben auf Raumtemperatur pusten.

Der Dirigent tippt mit dem Taktstock aufs Pult, und wie von Zauberhand verwandelt sich Krach in Musik: Das kakofonische Gefiedel und Getröte weicht dem ersten geordneten Ton der Symphonie.

»Als Dirigent spürt man in diesem Moment, wie verführerisch Macht ist«, sagt Talgam. »Fast könnte ich mir einbilden, ich bin es, der die Symphonie erzeugt. Die Musiker sind meine Instrumente, und die Partitur stammt von meinem Zuarbeiter Ludwig van Beethoven.«

Das Konzert aber ist freilich das Erzeugnis vieler Menschen. Der Job des Maestros ist es nun, die Symphonie zu interpretieren. Er muss eine musikalische Vision haben – und diese an sein Personal, die Musiker, weitergeben, damit sie sie zum Leben erwecken. Das Produkt, die Musik, braucht sodann eine Kundschaft: Ohne Publikum würde die Symphonie ungehört verhallen.

Schafft es der Dirigent, seine Vision im Konzertsaal zum Leben zu erwecken, wird er beklatscht, bejubelt, mit Blumen überschüttet. Das »Da capo« ist die Messlatte seines Erfolgs, ähnlich wie die Gewinn- und Umsatzzahlen oder der Aktienkurs bei Wirtschaftsbossen.

»Die großen Maestros kommen durch ganz unterschiedliche Dirigierstile ans Ziel«, sagt Talgam. »Wer sie beobachtet, lernt viel über die hohe Kunst der Menschenführung.« Drei Beispiele:

## Ricardo Muti. Der Zu-Mächtige entmachtet sich selbst

Der Neapolitaner Ricardo Muti hat im Laufe seiner Karriere viele renommierte Orchester dirigiert, unter anderem das New Philharmonia Orchestra London, das Philadelphia Orchestra und das Mailänder Opernhaus La Scala. 2010 wird Muti Chefdirigent am Chicago Symphony Orchestra.

Steht er auf dem Podium, herrscht im Orchestergraben law and order: Mit einem Handkantenschlag befiehlt Muti den Musikern zu schweigen. In der Stille aber bebt seine Hand weiter, als würde er die Musiker würgen, als zeigte er ihnen die Konsequenzen, die ihnen drohten, wenn sie ihm nicht bedingungslos folgten.

Selbst heitere Rossini-Opern dirigiert Muti mit sinistrem Gesichtsausdruck. Es gibt dafür einen fast religiösen Hintergrund: Der Maestro glaubt, dass ihm, während er das Orchester führt, der Komponist aus dem Himmel Befehle gibt. Strikt hält er sich an die Partitur, lässt keinen Raum für Interpretation. Er ist wie ein Diktator, zu dem die Toten sprechen.

»Mutis Autorität ist unanzweifelbar«, sagt Talgam. »Doch sein Orchester ist unglücklich.« Auf seinen Konzerten blickt man in versteinerte, teils eingeschüchterte Musikermienen. Auch das Publikum wirke angespannt.

Stets habe Muti die volle Kontrolle, und doch hat sich der Zu-Mächtige schon einmal selbst entmachtet: An der mailändischen Oper La Scala forderten 700 Orchestermusiker Muti in einem Brief auf zurückzutreten. »Maestro, du benutzt uns als Instrumente«, klagten sie. »Wir können uns künstlerisch nicht weiterentwickeln.«

Muti folgte dem Ruf der Putschisten. Er dankte ab.


## Carlos Kleiber. Der Raum-Geber

Carlos Kleiber wurde als Sohn des österreichischen Dirigenten Erich Kleiber und einer Amerikanerin in Berlin geboren. Er wuchs in Buenos Aires auf. Seine Orchester dirigierte Kleiber wie ein Bildhauer, der eine vierdimensionale Büste meißelt.

Niemand kommunizierte die eigene musikalische Vision so physisch wie er. Und in seinen Visionen war Kleiber Gott: Er schuf beim Dirigieren einen Interpretationsraum, durch den sich Musiker und Publikum mit ihm bewegten – und dessen Naturgesetze er nach Belieben ändern konnte.

Kleiber gab keine direkten Anweisungen. Trotzdem wurde der Klang einer Oboe plötzlich schwerelos, wenn er die Augen gen Himmel verdrehte. Ließ er den Taktstock in Richtung Parkett sausen, schrien Posaunen wie tollwütige Elefanten.

»Direkt kann man Kleibers Befehle nicht deuten«, sagt Talgam. »Wenn er den Taktstock zu zerschmettern droht, befiehlt er den Musikern ja nicht: Seid wie Mick Jagger, zerstört eure Instrumente!« Statt Anweisungen zu geben, *verkörperte* Kleiber die Musik – und überließ es den Musikern, sie operativ auf ihren Instrumenten umzusetzen.

Kleiber konnte den Spielern diese Freiheit lassen. Schließlich arbeitete er mit Profis. Die Musiker waren gut ausgebildet, sie kannten die Spielregeln des Konzerts. Das technische Gerüst kontrollierten sie weitgehend selbst. Kleiber dagegen kontrollierte die Vision.

Dennoch duldete der Maestro keinen Widerspruch. Immer wieder gab es Momente, in denen er seine Macht aufblitzen ließ, in denen er zeigte, dass der freie Raum nur so lange frei war, wie man die in ihm herrschenden Gesetze befolgte. Streng wachte Kleiber über sie, auch über die Details.

»Es gibt in einem Kleiber-Konzert eine Szene, in der sich ein Trompeter gleich dreimal verspielt«, sagt Talgam. Und es sei bemerkenswert, wie der Maestro reagiere: Beim ersten Verspieler zupft er sich kurz am Ohrläppchen. Beim

zweiten Mal droht er mit dem Zeigefinger. Und beim dritten Mal wirft er dem Trompeter einen Blick zu, der in etwa
aussagt: »Warte nach dem Konzert auf mich, ich habe eine
kurze, sehr unangenehme Nachricht für dich.«

Doch Kleiber konnte den Raum nicht nur nach Belieben
verengen, er konnte ihn auch ausdehnen. Spielte ein Musiker ein Solo, versteckte der Maestro den Taktstock unter verschränkten Armen. Er lehnte sich zurück, lauschte
lächelnd der Melodie. »Er gab dem Musiker Feedback,
rückte ihn einen Moment lang ins Zentrum seiner Welt«,
sagt Talgam. »Endete das Solo, ließ er den Solisten wieder
auf Normalgröße zusammenschrumpfen.«

## Leonard Bernstein. Führung durch Empathie

Wer seine Vision so unwiderstehlich kommuniziert wie
Kleiber, gilt zu Recht als perfekter Dirigent. Leonard Bernstein führte sein Orchester ebenso perfekt – auf eine völlig
andere Weise. »Er war ein perfekter Mensch«, sagt Talgam.

Talgam war eine Zeit lang Bernsteins Assistent. Er hat
mit angehört, wie Musiker den Maestro baten: »Sag mir,
wie ich spielen soll.« Bernstein habe dann geantwortet:
»Das funktioniert so nicht. Ich kann dich nicht als Instru-
ment benutzen. Ich brauche dich als ganze Person.«

Bezeichnend für Bernsteins Führungsstil ist laut Talgam
eine Probe von Igor Strawinskis »Le Sacre du Printemps«
(»Die Frühlingsweihe«), einem der anspruchsvollsten Klas-
sik-Stücke überhaupt. Der damals schon über 70-Jährige
gibt den zum großen Teil sehr jungen Orchestermusikern
keine Regeln vor, er erläutert ihnen stattdessen die Bedeutung der Musik. Er findet Bilder, die den Musikern signalisieren, dass er sie trotz des Altersunterschiedes ver-

steht – und die sie gleichzeitig die Stimmung der Partitur verstehen lassen.

Als Bernstein einem Tubisten erklärt, wie er eine Note blasen soll, die wie ein Brunftschrei klingt, sagt er: »Stellen Sie sich vor, Sie lägen auf einer saftigen Wiese, es ist Frühling, und Sie wollen das Gras umarmen, nein, Sie wollen hineinbeißen. Sie machen: ›OAAAAARRR!‹«

»Bernstein füllt die abstrakten Noten mit Sinn«, sagt Talgam. »Er zeigt den Musikern, warum das, was sie tun, gut und wichtig ist. Er ist ein Motivationsgenie.«

Wer so führt, braucht keinen Taktstock mehr. Und tatsächlich schaffte es Bernstein bei manchen Aufführungen, fast ohne Gesten auszukommen. Er dirigierte mit einem Lächeln, einem Augenrollen, einem Lippenschürzen. Er konnte seinem Orchester voll und ganz vertrauen, weil er wusste, dass es ihm genauso vertraute.

Durch Empathie schaffte Bernstein etwas, das die Machtverhältnisse nicht nur aufzuheben, sondern umzukehren schien. Eine schmachtende Violinenmelodie ließ ihn zuckersüß lächeln, bei Mollakkorden schürzte er melancholisch die Lippen.

»Wo Ricardo Muti 100 Prozent Kontrolle hat, erreichte Bernstein 200 Prozent«, sagt Talgam. »Weil er und sein Orchester dasselbe fühlen. Weil er den Musikern völlige Freiheit gibt – und gleichzeitig völlige Sicherheit.«

»Damit aber erreichte er das Größte, das ein Chef vielleicht erreichen kann«, sagt Talgam. »Er machte seine Mitarbeiter, seine Kunden und sich selbst durch Arbeit glücklich.«

Dieser Text erschien zuerst im Juli 2009 auf SPIEGEL ONLINE.

3. TEIL

KÄMPFEN

Bitte beachten Sie: Diese letzten beiden Kapitel sind weniger lustig als das restliche Buch. Sie richten sich an Menschen, die ihren Chef nicht nur manchmal als nervig oder anstrengend erachten, sondern die wirklich unter ihren Vorgesetzten leiden und gern wüssten, wie sie sich besser wehren können.

Im 14. Kapitel finden Sie eine Reihe Übungen, mit denen Sie Ihre eigene Schlagfertigkeit trainieren können. Es soll Ihnen helfen, gegenüber Ihren Vorgesetzten selbstbewusster aufzutreten – und den Boss gegebenenfalls in die Schranken zu verweisen, wenn er Regeln des sozialen Zusammenlebens allzu brutal bricht.

Das 15. Kapitel richtet sich an Menschen, deren Arbeitsverhältnis so zerrüttet ist, dass sie psychisch und vielleicht sogar körperlich unter ihrem Job leiden. Sie finden darin eine Schritt-für-Schritt-Anleitung, wie Sie sich rechtlich gegen Ihren Chef wehren können, falls er Sie belästigt, beleidigt oder mobbt. Gerade die Sprache dieses Kapitels ist dem Thema entsprechend ernst und passt stilistisch kaum zu den Texten, die Sie bisher gelesen haben.

Dennoch war es dem Autor wichtig, auch diese zwei ernsten Kapitel zu schreiben. Denn zwar werden die meisten Menschen über abstruse Chef-Weisheiten herzlich lachen können. Wer aber tatsächlich einen unausstehlichen Menschen zum Vorgesetzten hat, dem wird das Lachen wohl an vielen Stellen im Halse stecken bleiben.

Sollten Sie nicht zu diesen Menschen gehören: Überlegen Sie gut, ob Sie jetzt noch weiterlesen wollen.

# Kapitel 14

# Selbstverteidigungskurs für chefgeplagte Angestellte

Erinnern Sie sich an eine Situation, in der Sie Ihr Chef besonders geärgert hat. Vielleicht hat er Sie beleidigt oder bloßgestellt. Oder er hat einfach einen ungehobelten Spruch geklopft.

Denken Sie daran zurück. Wie haben Sie sich gefühlt? Waren Sie wütend? Traurig? Frustriert?

Vielleicht leiden Sie unter den Anspielungen Ihres Chefs, finden ihn sexistisch oder rassistisch. Vielleicht haben Sie schon einmal darüber nachgedacht, was Sie hätten erwidern können, haben stundenlang über einen möglichst schlagfertigen Konter nachgegrübelt. Vielleicht haben Sie sogar einen gefunden – würden sich aber letztlich, wenn es hart auf hart kommt, doch nicht trauen, Ihrem Chef vor versammelter Mannschaft Paroli zu bieten.

Was Sie an Ihrem Chef am meisten stört, wissen Sie selbst am besten. Sicher ist: Ihr Problem lässt sich lösen. In diesem Kapitel lernen Sie, wie Sie sich verteidigen.

# Wie werde ich schlagfertig?

Am Anfang steht eine simple Erkenntnis: Schlagfertigkeit ist kein Privileg von Menschen mit großem Ego. Sie lässt sich erlernen und trainieren, so wie fast alles im Leben. Selbst wenn Sie der schüchternste Mensch der Welt sein sollten.

Schlagfertigkeit lässt sich gut mit Kung-Fu vergleichen. Der Name der Jahrtausende alten Kampfkunst bedeutet wörtlich übersetzt in etwa: »Etwas durch harte Arbeit Erreichtes«. Wenn Sie an Ihren rhetorischen Fertigkeiten arbeiten, können Sie vieles erreichen. Wie beim Kung-Fu können Sie Verteidigungsschläge einüben, so lange, bis Sie sie in einer gefährlichen Situation ganz automatisch anwenden.

Ein Mann, der sozusagen den schwarzen Gürtel in Schlagfertigkeit besitzt, ist Dr. Karsten Bredemeier. Er trainiert Manager und Prominente für TV-Auftritte; unter anderem bringt er Ihnen bei, Kritiker argumentativ auszukontern. Zu seinen Kunden zählen Wirtschaftsgrößen, die Unternehmen wie die Allianz, die Deutsche Bank, die Telekom oder SAP öffentlich vertreten – Menschen, die also häufig im Kreuzfeuer der Kritik stehen. Viele der folgenden Tipps stammen von Bredemeier.

## Analysieren Sie den Kampfplatz

Wer strategisch im Vorteil sein will, muss zunächst die Arena, in der er kämpft, abschreiten. Wieder und wieder, so lange, bis er ihre strategisch wichtigen Punkte auswendig kennt. In Ihrem Fall ist der Kampfplatz kein Shaolin-Tempel, sondern Ihr Büro – mit all seinen sozialen und hierarchischen Zwängen.

Der Managertrainer Rüdiger Klepsch würde Ihnen Respekt dafür zollen, dass Sie in solch einer Arena zu kämpfen wagen. Er würde Ihren Mut bewundern, denn die Büro-Welt ist unsicheres Terrain für einen Kampf.

»Im Gegensatz zu vielen anderen Bereichen des Lebens kann man sich dem Büro-Umfeld nur schwer entziehen«, sagt er. »Wenn man sich im Sportverein nicht wohlfühlt, kann man ja einfach austreten und sich einige Kilometer weiter einen neuen suchen. Im Büro ist das selten eine Option. Die Suche nach einem neuen Job kostet Kraft, sie zieht sich oft Monate hin, und es könnte sein, dass Ihr neuer Chef noch furchtbarer ist als der alte.«

Weglaufen ist oft nicht so schnell möglich. Oder zumindest: nicht ratsam. Zwei gute Gründe mehr, sich dem Kampf zu stellen.

Stellen Sie sich also die Kampfarena vor, das Terrain, auf dem Sie Ihrem Chef gegenübertreten. Sie stehen auf dem Boden, Ihr Chef auf einem höheren Plateau. Er sitzt ja auch in der Arbeitswelt stets am längeren Hebel.

Das bedeutet: Wenn Sie Ihren Chef blindlings angreifen, haben Sie kaum eine Chance. Er kann die Attacke von dort oben locker abwehren und Sie schlimmstenfalls übel verletzen. Das sollten Sie stets bedenken, wenn Sie sich mit ihm messen.

Wehrlos sind Sie deshalb noch lange nicht. Denn wenn Ihr Chef Sie seinerseits angreift – was ja genau Ihr Problem ist –, dann können Sie sich wirksam verteidigen.

# Wecke den Shaolin in dir

Im Kung-Fu gibt es das sogenannte Tan Tui. Der Begriff bezeichnet einen Satz von Übungen, die in vielen chinesischen Kung-Fu-Schulen als Basistechniken unterrichtet werden.

Unter anderem trainiert man einen festen Stand und Bewegungsabläufe, bei denen man sich verteidigt und den Gegner gleichzeitig angreift. Wer die Grundtechniken beherrscht, kann sich in Kämpfen bereits ganz gut verteidigen. Und er lernt, die eigenen Kräfte der Situation angemessen zu dosieren: Wann blocke ich eine Attacke ab, wann fahre ich die »Todeskralle« aus?

In puncto Schlagfertigkeit gilt das Gleiche. Auch hier gibt es einige Grundtechniken, die bereits gegen viele verbale Angriffe helfen; die wichtigsten sollen Sie nun erlernen.

Zuvor noch eine grundlegende Bemerkung: Wie beim Kung-Fu spielt die Dosierung der eigenen Kräfte auch im verbalen Schlagabtausch eine wichtige Rolle. Wer bei jedem schlechten Scherz sofort die Todeskralle ausfährt, gilt zu Recht als leicht reizbar. Ebenso gelten Menschen, die grobe Frechheiten nur halbherzig parieren, schnell in der ganzen Abteilung als Schwächling.

Wie auch immer Sie einen Angriff abwehren – überlegen Sie sich stets vorher, wie aggressiv Sie dabei vorgehen müssen. In seinem Buch »Schwarze Rhetorik. Macht und Magie der Sprache« gibt Bredemeier Beispiele für Antworten in verschiedener Schärfe. Je nach Situation können Sie etwa sagen:

»Da habe ich mich wohl falsch ausgedrückt.«
»Dann ist es falsch rübergekommen.«

*»Dann haben Sie es falsch verstanden.«*
*»Dann wollen Sie mich falsch verstehen.«*

Wenn Sie bei verbalen Kontern das richtige Maß an Schärfe finden, wirken Sie besonders souverän. Das sollten Sie bei den folgenden Übungen stets im Hinterkopf haben.

Und noch etwas sollten Sie bedenken: Es ist stets Ihre Entscheidung, ob Sie sich provozieren lassen oder nicht. Schlagfertigkeit ist auch die Kunst, ungefährliche Angriffe zu erkennen und zu ignorieren. Wenn Sie also durch einen Angriff ohnehin keinen Schaden nehmen – zum Beispiel, weil Ihr Chef Sie zwar beleidigt, sich dabei aber unfreiwillig selbst als Trottel darstellt –, dann lassen Sie den Angriff einfach ins Leere laufen. Lachen Sie die Attacke weg. Auch das wirkt souverän. Sie sparen sich obendrein eine Menge emotionalen Stress – und haben mehr Kraft für Situationen, in denen Sie sich wirklich verteidigen müssen.

## Basistechniken des Büro-Kung-Fu

Bredemeier unterrichtet in seinen Kursen und Büchern zahlreiche Techniken der Schlagfertigkeit. Folgende sechs sind für den Büroalltag besonders geeignet.

### 1. Verbalattacken aushebeln

Wenn Ihr Chef Sie mit einem wenig ernst zu nehmenden Spruch aufzieht, wäre es schlecht, wütend oder beleidigt zu reagieren. Schlimmstenfalls merkt er sich, dass man Sie leicht provozieren kann, und tut es immer wieder. Besser ist: humorvoll kontern. Sie blocken den Schwinger Ihres

Chefs gewissermaßen ab und verdrehen ihm den Arm auf den Rücken. Einige Beispiele:

*Chef: »Mein Team sieht aus wie meine Jeans. An jeder wichtigen Stelle 'ne Niete.«*
*Mitarbeiter: »Immer noch besser, als wenn es wie meine Anzughose aussähe. Die hat an der falschen Stelle eine verkniffene Bügelfalte.«*

*Chef: »So wie Sie arbeiten, möchte ich mal Urlaub machen.«*
*Mitarbeiter: »Wenn Sie so viel Action brauchen – klettern Sie doch einmal einen gefrorenen Wasserfall hoch.«*

*Chef: »Ich bin die 1, die euch Nullen vorsteht, damit ihr überhaupt was wert seid.«*
*Mitarbeiter: »Es sind doch gerade die Nullen, die die Eins so wertvoll machen. Jede angehängte Null erhöht den Wert zuverlässig um den Faktor 10.«*

Solch Geplänkel ist leicht zu lernen. »Die Kunst ist es, das vorgegebene Bild aufzugreifen und so weiterzuspinnen, dass die inhaltliche Aussage umgedeutet ist«, sagt Bredemeier. Dazu ist nur etwas bildhaftes Denken nötig. In obigen Dialogen wird die Chefaussage auf verschiedene Arten umgedeutet.

- Im ersten Beispiel beschimpft der Chef seine Mitarbeiter als Nieten. Der Angestellte lenkt die Aufmerksamkeit auf den Vorgesetzten zurück.
- Im zweiten Beispiel unterstellt der Chef dem Angestellten Faulheit. Der Mitarbeiter missversteht dies absichtlich – und kritisiert die abenteuerlichen Arbeitsbedingungen.

- Im dritten Beispiel zeigt der Angestellte dem Chef seinen wahren Wert – und ist dabei sehr geschickt. Er stellt weder den Wert, noch die Position, die der Chef sich selbst zugeschrieben hat, infrage.

Wenn solch verspielte Konter gelingen, kann das äußerst beziehungsstiftend sein. Es hebt auf entwaffnende Weise die Hierarchie auf und bringt den Chef – sofern er Humor hat – dem Angestellten näher. Wenn die Pointe nicht zündet, wird es allerdings auch rasch peinlich.

Das ist dann zwar auch nicht weiter schlimm. Wenn Sie aber auf Nummer sicher gehen wollen, dann gibt es auch dafür eine Möglichkeit. Denn Sie haben einen großen Vorteil: Die Kreativität der meisten Chefs ist begrenzt. Viele klopfen immer und immer wieder dieselben Sprüche.

Tut Ihr Boss das auch? Dann überlegen Sie sich doch einmal ganz entspannt bei einem Spaziergang oder zu Hause auf dem Sofa eine entsprechende Replik. Wenn Sie glauben, eine gefunden zu haben, können Sie diese gut in Ihrem Freundeskreis testen.

Wenn Sie dann irgendwann den absoluten Killerkonter gefunden haben, warten Sie einfach, bis Ihr Chef mal wieder seinen Standardspruch klopft – und kontern ganz entspannt.

## 2. Den anderen gewinnen lassen

Eine andere souveräne Technik, um Verbalattacken abzufangen, ist die sogenannte paradoxe Intervention. Laut Bredemeier lassen Sie Ihren Chef in diesem Fall scheinbar gewinnen – stehen aber dennoch auf wundersame Weise nicht als Verlierer da. Einige Beispiele:

*Chef: »Untersuchen Sie das mal gründlich, aber machen Sie kein Jugend-forscht-Thema draus.«*
*Mitarbeiter: »Okay, ich schreibe Ihnen bis nächste Woche einen stichhaltigen, detaillierten Dreizeiler.«*

*Chef: »Ihr seid doch alle Blödmannsgehilfen.«*
*Mitarbeiter: »Danke, man versucht zu helfen, wo man kann.«*

Der Trick ist, dem Chef in allem recht zu geben, um einen peinlichen Moment möglichst rasch zu beenden – und das Gesagte gleichzeitig so zu übertreiben, dass die Absurdität der Situation für alle Umstehenden deutlich wird.

### 3. Standhaft bleiben

Sollten Ihnen schlagfertige Sprüche partout nicht liegen oder sind sie in Ihrem Fall nicht opportun, weil Ihr Chef darauf aggressiv reagiert: Verzagen Sie nicht! Denn die Sprücheklopferei fällt ohnehin in die Kategorie »Harmlose Angriffe, die Sie entspannt ignorieren oder weglachen dürfen«. Gut, wenn Sie in so einer Situation humorvoll kontern. Nicht weiter schlimm, wenn Sie's nicht tun.

Viel wichtiger als lustige Sprüche zu klopfen, ist, dass Sie sich im entscheidenden Moment verteidigen. Dann, wenn es wirklich darauf ankommt. Zum Beispiel in folgenden Situationen:

*»Also, Ihr Konzeptentwurf: Stecken Sie sich den Scheiß doch hinter den Ofen!«*

*»Jetzt hören Sie doch endlich mal mit dem Gequassel auf! Ich habe Ihnen doch schon gesagt, wie's gemacht wird.«*

Solche Attacken richten sich direkt gegen Ihre Arbeit und oft auch gegen Sie als Person. Wer so etwas unerwidert lässt, gilt schnell als Schwächling und lässt zu, dass seine harte Arbeit schlechter bewertet wird, als sie tatsächlich ist. Ein inakzeptabler Zustand!

Die gute Nachricht ist: Wer einmal weiß, wie's geht, kann solche Attacken leicht abblocken. Und die entsprechende Verteidigungs-Choreografie ist sogar noch einfacher zu lernen als schlagfertiges Wortgeplänkel. Sie besteht aus drei Schritten:

- Touch = Aufnehmen der Attacke
- Turn = Korrektur
- Talk = Vertiefung des eigenen Anliegens

Bei der »Touch, turn, talk«-Technik, die Bredemeier in seinem Buch »Schlagfertigkeit – Das Arbeitsbuch« erfunden hat, geht es im Kern darum, standhaft zu bleiben. In der Kampfarena würden Sie diese Technik einsetzen, wenn ein Gegner mit Gebrüll auf Sie zuläuft. Statt die Flucht zu ergreifen oder Ihrerseits in Kampfgeschrei zu verfallen, stehen Sie tief und fest. Sie halten Ihre Position und sagen: »Ich habe keine Angst vor dir, und ich lasse mich auch nicht provozieren.«

Dazu müssen Sie sich einen über Jahre antrainierten Reflex abgewöhnen: Wir neigen im Gespräch dazu, die Aussagen des Gegenübers zunächst zu wiederholen, um ihm zu signalisieren, dass wir ihn verstanden haben. Diesen Impuls gilt es zu unterdrücken.

»Je öfter Sie eine Behauptung hören, desto stärker verankert sie sich im Gehirn«, sagt Bredemeier. »Jede Wiederholung eines negativen Statements, auch in der Negation, vertieft den Vorwurf. Das wollen Sie ja gerade vermeiden.«

Zwei Beispiele:

**Falsch:**

*Chef: »Also, Ihr Konzeptentwurf: Stecken Sie sich den Scheiß doch hinter den Ofen!«*

*Mitarbeiter: »Mein Konzeptentwurf ist nicht schlecht ...«*

**Richtig:**

*Chef: »Also, Ihr Konzeptentwurf: Stecken Sie sich den Scheiß doch hinter den Ofen!«*

*Mitarbeiter: »Das werde ich nicht tun. Er erfüllt alle Anforderungen, die wir im Vorfeld besprochen haben. Lassen Sie mich die drei wichtigsten Punkte noch einmal kurz zusammenfassen ...«*

**Falsch:**

*Chef: »Jetzt hören Sie doch endlich mal mit dem Gequassel auf! Ich habe Ihnen doch schon gesagt, wie's gemacht wird. Dass Sie sich mit dieser einen popeligen Vertragsklausel aber auch so lange aufhalten müssen. Das ist ja, als ob man Sägemehl sägt.«*

*Mitarbeiter: »Ich halte mich an der Klausel doch gar nicht lange auf ...«*

**Richtig:**

*Chef: »Jetzt hören Sie doch endlich mal mit dem Gequassel auf! Ich habe Ihnen doch schon gesagt, wie's gemacht wird. Dass Sie sich mit dieser einen popeligen Vertragsklausel aber auch so lange aufhalten müssen. Das ist ja, als ob man Sägemehl sägt.«*

*Mitarbeiter: »Nein, ist es nicht. Die Klausel ist äußerst wichtig. Wenn sie so bleibt, wie sie jetzt ist, wird diese Firma vielleicht viel Geld verlieren. Wie ich bereits erläutert habe ...«*

Ebenfalls wichtig bei Ihrer Verteidigung ist die Wortwahl: Sie muss Bestimmtheit und Selbstbewusstsein ausstrahlen. Ebenso wie Sie beim Kung-Fu einen tiefen Stand einnehmen, um besser kämpfen zu können, müssen Sie auch bei verbalen Attacken standhaft bleiben. Beachten Sie dazu folgende Tricks:

- Schauen Sie Ihren Gegner bei wichtigen Aussagen an. Fixieren Sie ihn, wenn Sie Ihre Kernbotschaften absetzen.
- Zwingen Sie sich, langsam und deutlich zu sprechen.
- Vermeiden Sie Unsicherheitswörter wie »eigentlich«, »wohl«, »vielleicht«, »eher«, »ein bisschen« oder »ich denke«. Streichen Sie diese prinzipiell aus Ihrem Wortschatz.
- Konzentrieren Sie sich auf Ihre Kernbotschaft. Verschwenden Sie keine Zeit mit Nebenbotschaften und Erklärungen. Sie wissen genau, was Sie wollen – und konzentrieren sich voll und ganz darauf.

## 4. Charaktermörder besiegen

Sind Sie schon einmal einem Charaktermörder begegnet? Nein? Ganz sicher?

Das Wort mag Ihnen martialisch vorkommen. Doch es beschreibt ziemlich gut einen rhetorischen Kniff, mit dem manche Menschen gezielt Kontrahenten ausschalten – seit Tausenden von Jahren. Charaktermörder gibt es überall. Vermutlich auch in Ihrem Büro.

Der Begriff kommt ursprünglich aus dem Englischen. Dort ist von *character assassination* die Rede. Kommunikationsstrategen sprechen auch von Rollenzuweisung. Der Angreifer versucht, seinem Gegner eine möglichst unvorteilhafte Rolle zuzuweisen und dadurch seine Glaubwürdigkeit zu zerstören. Das Kalkül: Wer vertraut schon einem Trottel oder Hochstapler, selbst wenn seine Argumente noch so gut sind?

Ein Kampfplatz, auf dem diese Technik oft angewendet wird, ist die Politik. Regelmäßig versuchen Abgeordnete, Parteifunktionäre oder sogar Minister, ihre Widersacher als inkompetente Trottel darzustellen. Im Sommer 2010 etwa stritten FDP und CSU über eine Reform des Gesundheitssystems. Als man mit Argumenten nicht mehr weiterkam, fingen Vertreter beider Parteien an, sich zu beschimpfen.

Die Schlammschlacht eröffnete Daniel Bahr, damals Staatssekretär im FDP-geführten Gesundheitsministerium. Er warf der CSU vor, jeglichen Kompromiss für die Reform zu blockieren. »Die CSU ist als Wildsau aufgetreten«, sagte er in der »Passauer Neuen Presse«. »Sie hat sich nur destruktiv gezeigt.« Die Antwort ließ nicht lange auf sich warten: CSU-Generalsekretär Alexander Dobrint bezeichnete die FDP als »gesundheitspolitische Gurkentruppe«.

Auch Chefs nutzen solche Rollenzuweisungen – zum Beispiel, um Widerspruch abzubügeln. Wenn Sie Ihrem Chef widersprechen und ihm Argumente gegen Ihre Widerrede fehlen, kann es passieren, dass er statt Ihrer Argumentation Sie als Person angreift. Zum Beispiel, indem er Sie als Nörgler, Erbsenzähler oder ewigen Bedenkenträger abstempelt. Die Botschaft: »Der hat doch eh immer was rumzumosern« oder »Die ist doch immer in allem so kleinlich. Kein Wunder, dass ihr das jetzt auch wieder nicht passt.« Einige Beispiele:

»Das ist so, als ob man Sägemehl sägt.«
Der Chef macht Sie zum Erbsenzähler.

»Herr B., jetzt machen Sie nicht immer ›Wäh, wäh, wäh‹,
jetzt machen Sie einfach mal.«
Der Chef macht Sie zum ewigen Nörgler.

»Haben Sie die Lösung oder sind Sie das Problem?«
Der Chef wirft Ihnen Inkompetenz vor.

Schlagfertigkeitstrainer Bredemeier empfiehlt in solchen
Fällen, auf die kommunikative Metaebene zu wechseln.
Das bedeutet: Sie reden mit dem Chef nicht länger über
das Thema, sondern thematisieren die Art der Kommunikation. Zum Beispiel so:

»Unser Gespräch entfernt sich gerade von unserem eigentlichen
Ziel. Unser gemeinsames Ziel ist es, eine gemeinsame Lösung für
dieses Problem zu erarbeiten. Lassen wir also bitte einmal die
persönlichen Interessen außen vor. Die wesentlichen Argumente
sind …«

Oder etwas schärfer formuliert:

»Statt zu argumentieren, greifen Sie mich persönlich an. Ein solches Niveau widerspricht doch auch Ihrer Fairness. Lassen Sie
uns bitte wieder sachlich diskutieren. Noch einmal, der Punkt
ist …«

## 5. Gegner entwaffnen

Nicht nur bei versuchtem Charaktermord ist Metakommunikation ein probates Mittel. Auch in Situationen, in denen Sie Ihrem Chef allein gegenübersitzen, ist diese Technik nützlich. Zum Beispiel wenn Sie über Ihr Gehalt verhandeln oder zu einer Zeit Urlaub nehmen möchten, in der Ihr Vorgesetzter Sie gerne im Betrieb haben will – obwohl er weiß, dass Ihre Familie Ihnen aufs Dach steigt, wenn Sie sich nicht freinehmen.

Solche Gespräche haben teils viel von einer Wrestling-Show mit Hulk Hogan. Man kennt diese Szenen aus dem Fernsehen. Die zwei Wrestler stehen sich schwitzend gegenüber und versuchen, den jeweils anderen in die Knie zu zwingen. Plötzlich wird der Schiedsrichter abgelenkt; er dreht den Kämpfern den Rücken zu. Da schnappt sich der eine Wrestler einen Stuhl, zieht dem Gegner eins über – und gewinnt so den Kampf.

Nun wird Sie Ihr Chef nicht mit dem Sessel verprügeln, wenn Sie ihn um mehr Geld bitten. Doch auch Ihr Boss kann im Kampf plötzlich eine perfide rhetorische Waffe zücken und sich so einen Vorteil verschaffen. Vor allem, wenn Sie mit dem Chef allein sind – es also keinen Schiedsrichter gibt, der Sie schützt.

Dass Ihr Chef solch schmutzige Tricks beherrscht, braucht Sie aber nicht zu entmutigen. Sie müssen nur wissen, was vielleicht auf Sie zukommt – und was Sie dagegen tun können. Ihr Vorgesetzter hat dann zwar immer noch das letzte Wort, aber Sie machen ihm die Verhandlung schwerer. Und Sie erhöhen maßgeblich Ihre Chancen, sich vielleicht doch durchzusetzen. Folgende Tricks wenden Chefs gerne an:

**Nebenthemen:** Ihr Chef lenkt das Gespräch von seinem eigentlichen Ziel weg; er versucht, Sie in eine Diskussion über Nebensächlichkeiten zu verstricken.

*Gegenmittel:* Steuern Sie gegen. Sagen Sie etwas wie: »Das ist ein interessanter Punkt; den sollten wir dringend in einem anderen Gespräch vertiefen. Wir sprachen aber gerade über mein Gehalt. Lassen Sie mich noch einmal darlegen, warum …«

**Selektion:** Ihr Chef bewertet ein Projekt oder Ihre Arbeit nur anhand ausgesuchter Kriterien und stellt die Dinge dadurch negativer da, als sie sind.

*Gegenmittel:* Erweitern Sie die Diskussionsbasis. Sagen Sie: »Die von Ihnen angesprochenen Punkte sind richtig und wichtig. Lassen Sie mich aber noch weitere Aspekte ergänzen, ohne die sich die Qualität meiner Arbeit nicht vollständig bewerten lässt …«

**Schwarz-Weiß-Malerei:** Laut Ihrem Chef gibt es nur zwei Möglichkeiten, um sich zu einigen. Beispiel: »Der Kunde braucht den Entwurf in 14 Tagen, und ausgerechnet in der kommenden Woche haben Sie Urlaub. Entweder Sie verschieben ihn – oder das Projekt platzt.«

*Gegenmittel:* Zeigen Sie Alternativen auf. Sagen Sie: »Die Abteilung von Herrn Schmitz hat gerade ein Projekt beendet und noch kein neues begonnen. Wenn zwei Mitglieder aus seinem Team diese Woche bei uns mitarbeiten, könnte der Kunde den Entwurf sogar schon Ende dieser Woche in Empfang nehmen.« (Und Sie können wie geplant verreisen.)

**Trügerische Kausalketten:** Ihr Chef nennt für die Lösung eines Problems eine zeitliche Abfolge, die unbedingt eingehalten werden muss. In Wahrheit handelt es sich um ein Scheinargument, um Zeit zu gewinnen. Beispiel: »Ich kann Sie jetzt noch nicht in eine andere Stadt versetzen. Ich muss erst die Personalprobleme in Ihrer Abteilung in den Griff bekommen.«

*Gegenmittel:* Durchbrechen Sie die Kausalkette. Sagen Sie: »Soweit ich es einschätzen kann, ist meine Versetzung nicht abhängig von anderen Personalfragen. Wichtige Projekte, die ich für die Firma schon jetzt in Angriff nehmen könnte, verzögern sich nun.«

### 6. Tiefschläge parieren

Ein verbaler Schlagabtausch ist das eine. Was aber tun Sie, wenn Ihr Chef ausfallend, rassistisch oder sexistisch wird? Wenn er die Grenzen des respektvollen Umgangs so stark überschreitet, dass einem das Lachen im Hals stecken bleibt?

Beispiele für solche Entgleisungen gibt es genug. SPIEGEL-ONLINE-Leser haben eine ganze Reihe davon eingeschickt (siehe Box folgende Seite).

Mit Schlagfertigkeit lässt sich dieses Problem nicht mehr lösen. »Das ist nur bei Frotzeleien angebracht«, sagt Bredemeier, »nicht bei respektlosen Beleidigungen.«

Wenn sich Ihr Chef also wirklich so unmöglich verhält, wie in den angeführten Beispielen, dann müssen auch Sie schwere Geschütze auffahren. Vor allem müssen Sie unmissverständlich eine Grenze setzen. Zum Beispiel so:

- *»Okay. Wir fangen jetzt noch einmal von vorne an. Ich wiederhole meinen letzten Satz, und Sie überlegen sich eine neue Antwort.«*

- »*Sie machen sich doch lächerlich. Ihr Verhalten ist peinlich und setzt Sie persönlich herab.*«
- »*Bitte verzichten Sie auf eine etwaige Wiederholung dieser unflätigen Aussage. Sonst haben Sie ein rechtliches Problem.*«

Die Antworten mögen Ihnen drastisch erscheinen. »Sie sind aber in einer solchen Situation gerechtfertigt«, sagt Bredemeier. »Denn das Gesprächsverhalten Ihres Gegenübers ist nicht länger akzeptabel.« Der Chef hat in diesem Moment den sozialen Vertrag verletzt, und damit hat auch die Hierarchie ihre Gültigkeit verloren. Setzen Sie unmissverständlich eine Grenze.

# Wenn der Chef alle Grenzen überschreitet

Nicht alle Chef-Sprüche, die Leser eingeschickt haben, sind skurril oder lustig. Manche sind menschenverachtend, frauenfeindlich oder rassistisch. Leider ist auch das in deutschen Büros bisweilen traurige Realität. Im Folgenden einige besonders krasse Einsendungen – die Sie nur lesen sollten, wenn Sie sich ein schonungsloses Bild von den Abgründen mancher Führungskräfte machen wollen.

*»Erst setzt man mir hier einen Praktikanten hin, dann einen Russen – und nun auch noch Sie.«*
Mit diesem Spruch wurde ein indischer Computerfachmann an seinem ersten Arbeitstag begrüßt.

*»Na? Mal wieder ab ins Taliban-Ausbildungslager?«*
So konterte ein Chef den Urlaubsantrag eines arabischstämmigen Mitarbeiters.

*»Die sind das Kaputttreten nicht wert.«*
Kommentar eines Managers beim Besuch eines chinesischen Werks, in dem Niedriglöhner Teile für die Produkte der Firma herstellen.

*»Wir müssen unserem arabischen Freund mal Feuer unter dem Hintern machen. Sie wissen ja, die Jungs bewegen sich nur, wenn man sie aus der Luft angreift.«*
Appell eines Chefs an seine Bauleiter, die größtenteils ausländische Belegschaft anzutreiben. Eine Woche zuvor hatten die UN ihre Luftangriffe in Libyen gestartet.

»Dann schicken wir mal unsere polnischen Sturm-
truppen los.«
Dienstbeginn auf dem Bau


»Wir haben keine richtigen Mitarbeiter gefunden, also
nehmen wir jetzt Frauen.«
Der Filialleiter einer Bank brüstet sich, wie flexibel er
seine Personalpolitik gestaltet.


»Der Witz, den ich Ihnen jetzt erzählen werde, der ist so
gut: Da fallen Ihnen glatt die Titten runter. Oh, ich sehe,
Sie kennen ihn schon.«
Dieser Chef testet mehr als nur den Humor seiner
Mitarbeiterin.


»Dieser Fortbildungskurs wird veranstaltet, damit die
Sekretärinnen denken lernen.«
Es wäre schon bedenklich, wenn irgendein Chef
diesen Satz gesagt hätte. Tatsächlich war es aber sogar
der Frauenbeauftragte im Betriebsrat.


»Fräulein Minipussy! Bitte in mein Büro!«
Die Dame heißt Mitroussi.


»Andere Länder, andere Titten.«
Machospruch beim Besuch einer Auslandsfiliale


»Sie können von Ihrem Gehalt keine zwei Kinder
ernähren? Dann muss eins eben sterben.«
Sozialdarwinismus.

# Kapitel 15

# Wie Sie Ihren Chef verklagen

Mit Schlagfertigkeit lassen sich viele Probleme entschärfen. Was aber, wenn weder Retourkutschen noch klare Ansagen helfen? Was, wenn Sie Ihren Chef zur Rede stellen, ihm sagen, was Sie stört, womit er Sie verletzt – und er Sie einfach weiterquält? Was, wenn er sich rassistisch, sexistisch oder grob beleidigend verhält?

Stefan Nägele ist seit 28 Jahren Arbeitsrechtler. Er hat zahlreiche Publikationen zu Kündigungs- und Arbeitsschutzrecht verfasst, und er ist Initiator der Fortbildungsreihe »Blickpunkt Arbeitsrecht«. In seiner Laufbahn hat Nägele unglaubliche Geschichten gehört. »In manchen Büros«, sagt er, »geht es zu wie im Folterkeller.«

Für den Mitarbeiter ist das mehrfach schlimm. Der psychische Druck ist enorm, Arbeit und Selbstwertgefühl leiden – und die Frechheiten, Demütigungen und Drohungen des Chefs führen nicht selten dazu, dass der Mitarbeiter in der Abteilung isoliert wird, weil andere nicht mit in die Schusslinie geraten wollen.

Die Betroffenen selbst wagen oft nicht, etwas gegen die Attacken des Chefs zu unternehmen. »Viele fühlen sich ohnmächtig«, sagt Nägele. »Das Problem erscheint ihnen riesengroß.« Zu groß, um es anzugehen. »Das ist fast noch gemeiner als das Schikanieren selbst.«

Geplagten Arbeitnehmern spricht der Experte Mut zu. »Auch wenn Sie glauben, Sie können sich nicht wehren: Sie können es, und Sie dürfen es«, sagt Nägele. »Sie dürfen Kontrollinstanzen einschalten und Beschwerdebriefe schreiben. Im Extremfall dürfen Sie Ihren Chef auch verklagen.«

Angenehm wird diese Konfrontation sicher nicht. Und wenn sie in einen Rechtsstreit ausartet, kostet sie Sie am Ende vermutlich Ihren Job. Das ist aber im Zweifelsfall immer noch besser, als wenn Sie sich psychisch zerstören lassen.

Die Entscheidung liegt bei Ihnen. Zumindest aber sollten Sie sich die folgende Schritt-für-Schritt-Anleitung einmal durchlesen, um zu wissen, welche Möglichkeiten Sie haben, um sich zu wehren.

## Schritt 1: Definieren Sie den Konflikt

Bevor Sie aktiv werden, sollten Sie sich bewusst machen, was genau Ihr Problem ist. Für Sie selbst ist dieser Schritt noch völlig ungefährlich, schließlich stellen Sie nur Überlegungen an, von denen Ihr Chef nichts weiß. Niemand kann Sie für Ihre Gedanken bestrafen.

Was genau ist Ihr Problem? Nägele unterscheidet zwischen drei Missständen:

- Als **Belästigung** gelten alle Verhaltensweisen, die einen anderen Menschen in seiner persönlichen Integrität angreifen. Dazu zählt auch vermeintlich harmloses Benehmen. Zum Beispiel, dass der Chef seinen Hund ins Büro mitbringt, obwohl eine Mitarbeiterin eine Hundeallergie hat.

- Als **Beleidigung** gelten alle Arten von Beschimpfung in Wort und Schrift. Darunter fallen auch Diskussionsbeiträge, die die sachliche Ebene verlassen und sich persönlich gegen einen Mitarbeiter richten.
- Die stärkste Form von Chef-Terror ist das **Mobbing**. Dazu kommt es allerdings weit seltener als angenommen. Streng genommen versteht man darunter ein zielgerichtetes Verhalten, das darauf ausgerichtet ist, über längere Zeit die Persönlichkeit eines Arbeitnehmers systematisch zu zerstören. »Mitarbeiter fühlen sich zwar schnell gemobbt«, sagt Nägele, »oft aber ist ihr Chef einfach nur ein Chauvinist oder Rüpel.«

## Schritt 2: Munitionieren Sie sich

Sobald Sie den Konflikt mit Ihrem Chef genauer eingegrenzt haben, können Sie beginnen, sich auf eine Konfrontation vorzubereiten. Auch das ist für Sie noch weitgehend ungefährlich, denn Sie greifen Ihren Chef nicht direkt an. Sie munitionieren sich nur für einen späteren Angriff.

### Führen Sie Protokoll

Jedes Mal, wenn Ihr Chef Sie belästigt, beleidigt oder mobbt: Notieren Sie Datum, Uhrzeit, Gesprächskontext, den Wortlaut und – sofern vorhanden – Zeugen. Sammeln Sie belastendes Material wie Faxe, Papiere oder E-Mails. Verstauen Sie das Protokoll und die Belege stets an einem sicheren Ort. Immerhin wollen Sie nicht, dass Ihr Material in falsche Hände gerät.

**Analysieren Sie Ihre Gefühle**

Erinnern Sie sich an den Büro-Kung-Fu-Kurs? Eine Lektion daraus lautete: »Wer mich beleidigt, entscheide ich.« Das trifft nicht selten auch auf Ihren Chef zu. Gönnen Sie sich deshalb einen ruhigen Moment, und denken Sie nach: Ist das Verhalten Ihres Vorgesetzen objektiv wirklich so unmöglich, wie Sie es empfinden? Oder reagieren Sie vielleicht über, weil Sie einen persönlichen Groll gegen ihn hegen?

Kann es sein, dass Sie mit Ihrem Vorgesetzten besonders streng sind? Gibt es andere Personen, die sich ähnlich wie Ihr Chef verhalten und denen Sie deutlich mehr durchgehen lassen? Sprechen Sie darüber wenn möglich auch mit einer Person Ihres Vertrauens. Schildern Sie Ihre Situation in allen Details; beschreiben Sie, was Sie fühlen. Holen Sie sich Rat, um sich Ihrer Gefühle sicher zu sein.

**Vermeiden Sie dumme Sprüche**

Auch wenn es Ihnen schwerfällt: Begeben Sie sich auf keinen Fall auf das Niveau Ihres Chefs. Erstens sitzt er am längeren Hebel. Zweitens rechtfertigt eine Beleidigung nie eine Beleidigung. Drittens kann Ihnen bei möglichen Beschwerden gegen Ihren Chef vorgehalten werden, dass Sie sich auch nicht besser verhalten.

**Holen Sie sich frühzeitig rechtlichen Rat**

Wenn Sie gegen Ihren Chef vorgehen, sollten Sie sich von einem Anwalt beraten lassen. Aber Vorsicht! »Es gibt viele Anwälte, die arbeitsrechtliche Fälle übernehmen, obwohl sie damit wenig vertraut sind«, sagt Nägele. Prüfen Sie genau die Vita Ihres Rechtsvertreters. Wie viele Jahre Erfahrung hat er mit Arbeitsrecht? Wer empfiehlt die Kanzlei?

Ein guter Ausgangspunkt für Ihre Anwaltssuche ist das Juve-Handbuch. In diesem listet der gleichnamige Fachverlag Porträts der renommiertesten deutschen Kanzleien auf.

Alternativ können Sie sich an die Anwaltskammer in Ihrer Region wenden. Diese ist verpflichtet, Ihnen Fachanwälte zu empfehlen. Deren Vita sollten Sie dann noch einmal selbst überprüfen – Sie können aber sicher sein, dass Ihnen Fachleuten empfohlen werden, die sich eingehend mit dem Thema Arbeitsrecht beschäftigt haben.

### Machen Sie sich die Tragweite Ihres Handelns bewusst

Beachten Sie: Wenn Sie gegen Ihren Chef vorgehen, setzen Sie ihn massiv unter Druck. Schließlich lassen Sie andere im Unternehmen wissen, dass er als Führungskraft problematisch ist. Wenn Sie Glück haben, realisiert Ihr Chef dadurch, dass es Ihnen ernst ist – und lässt von Ihnen ab.

Es kann aber auch sein, dass er Ihnen das Leben nur noch mehr zur Hölle macht. Die Lebenserfahrung zeigt leider, dass eine rechtliche Auseinandersetzung mit dem Arbeitgeber häufig zum Verlust der Stelle führt – selbst dann, wenn der Angestellte in der Sache recht bekommt.

## Schritt 3: Mit Bedacht angreifen

Sie sind jetzt gut für die Konfrontation mit Ihrem Chef gerüstet. So gut, dass Sie zum Angriff übergehen können. Dabei sollten Sie Ihr Risiko minimieren, indem Sie das Problem Schritt für Schritt angehen und die Situation mit Bedacht eskalieren lassen. Nägele empfiehlt folgendes Vorgehen:

## Reden Sie mit Kollegen

Bevor Sie den offiziellen Weg gehen, sollten Sie zunächst Ihr Umfeld beobachten. Gibt es noch andere Kollegen, die Ihr Chef immer wieder quält? Gibt es Kollegen, die versuchen, Sie in Schutz zu nehmen, wenn Ihr Chef es mal wieder auf Sie abgesehen hat?

Versuchen Sie, sich mit anderen Menschen zusammenzutun. Wenn Ihr Chef Sie und andere immer wieder im Meeting quält, können Sie unter Kollegen Ihres Vertrauens eine Art Verteidigungspakt anregen – sich also gegenseitig schützen, wenn einer von Ihnen in die Mangel genommen wird.

Sie können andere auch bitten, die Quälereien Ihres Chefs zu bezeugen, sofern Sie sich zu einer offiziellen Beschwerde durchringen.

## Sprechen Sie mit der Personalabteilung

In vielen Fällen ist es ratsam, dass Sie Ihre Beschwerde zunächst an die Personalabteilung herantragen. In einem vertraulichen Gespräch können Sie dort die Probleme, die Sie mit Ihrem Vorgesetzten haben, erläutern und sich beraten lassen, was Sie gegen die Attacken unternehmen können.

Auf Ihren Wunsch hin kann der Personaler Ihren Chef auch direkt mit dem Problem konfrontieren. Das ist allerdings meist nur sinnvoll, wenn er dabei auch Ihren Namen und den konkreten Vorfall ansprechen darf. »Es ist nicht zielführend, anonymisierte, unkonkrete Vorwürfe an den Chef heranzutragen«, sagt die ehemalige Leiterin einer

Personalabteilung. »Damit wird das Problem nicht gelöst, und der Chef fühlt sich – zu Recht – hintergangen, da er zu den Vorwürfen nicht seine Sicht der Dinge schildern kann.«

Der Personaler kann meist wirksamer und diplomatischer mit dem Chef verhandeln als der Mitarbeiter selbst. Er kennt den Chef oft besser und ist selbst in einer hierarchisch gehobenen Position.

Bevor Sie den Personaler allerdings um ein Gespräch mit dem Chef bitten, sollten Sie sich genau informieren. »Ein solches Gespräch *kann* dazu führen, dass die Attacken gegen den Mitarbeiter aufhören«, sagt die Ex-Personalerin. »Die Konsequenz kann aber auch sein, dass sich das Arbeitsklima nur noch verschlimmert und der Chef den Mitarbeiter aus Rache nun besonders quält.«

Sie habe in ihrer Laufbahn beides viele Male erlebt. »Ein guter Personaler wird abwägen können«, sagt sie. »Er wird das Gespräch mit dem Chef nur dann suchen, wenn er es für den Mitarbeiter als zielführend einschätzt. Und er wird den Mitarbeiter nie in eine missliche Situation bringen.«

Die Frage ist nur, ob die Personalabteilung in Ihrem Hause einen guten Stand hat – und ob dort fähige Leute arbeiten. »Es kommt zwar nicht oft vor, aber es gibt Unternehmen, in denen der Chef und der Personaler ein sehr enges Verhältnis pflegen«, sagt die Ex-Personalerin. »In diesem Fall ist es für den Mitarbeiter möglicherweise riskant, sich an die Personalabteilung zu wenden – da die Gefahr besteht, dass der Personaler beim Chef petzt.«

Seien Sie also auf der Hut: Bevor Sie sich bei der Personalabteilung beschweren, versuchen Sie, so viel wie möglich über die dort arbeitenden Menschen herauszufinden.

**Sprechen Sie mit dem Betriebsrat**

Neben dem Gang zur Personalabteilung ist – sofern vorhanden – auch eine Beschwerde beim Betriebsrat möglich. Das Problem bleibt so zunächst vertraulich. Der Betriebsrat kann entsprechende Beschwerden zudem sammeln; es ist schließlich gut möglich, dass Ihr Chef nicht nur Sie quält, sondern auch manche Ihrer Kollegen – und dass diese sich ebenfalls schon an den Betriebsrat gewandt haben.

Damit der Betriebsrat Ihnen helfen kann, müssen Sie den Konflikt mit Ihrem Chef möglichst genau beschreiben: Geben Sie konkrete Beispiele. Legen Sie Ihr Protokoll vor. Benennen Sie möglichst Zeugen, die vertraulich befragt werden können.

Der Betriebsrat wird den Chef nun mit der Beschwerde konfrontieren. »In einigen Fällen reicht eine solche Ermahnung schon, um den Konflikt zu entspannen«, sagt Arbeitsrechtler Nägele. Sei dies nicht der Fall, könne der Betriebsrat den Geschäftsführer des Unternehmens einschalten – mit der Bitte, dem Problemchef ins Gewissen zu reden.

**Beschweren Sie sich bei der Unternehmensleitung**

Sollten sich die Bemühungen der Personalabteilung und des Betriebsrats als fruchtlos erweisen, können Sie sich als Nächstes persönlich an die Firmenleitung wenden. Am besten, indem Sie einen Beschwerdebrief an den Geschäftsführer schreiben. Wenn Sie in einem größeren Unternehmen arbeiten, können Sie sich auch an das Sekretariat des Personalvorstands wenden.

Der Brief muss das Fehlverhalten Ihres Vorgesetzten

konkret beschreiben und möglichst gut belegen. Bevor Sie die Beschwerde abschicken, sollte ein Arbeitsrechtler sie gegenlesen.

Ist der Brief versendet, sollte bald etwas passieren. »Der Arbeitgeber ist verpflichtet, seine Führungskräfte so zu leiten, dass sie Mitarbeiter nicht belästigen oder beleidigen«, sagt Nägele. »Verstößt ein Chef gegen diese Pflicht, kann die Unternehmensleitung ihn ermahnen, abmahnen und im Extremfall feuern.«

Theoretisch sollte der Problemchef also bald zurechtgewiesen werden. Praktisch ist das nicht immer der Fall. »Der Fisch stinkt leider machmal vom Kopf her«, sagt Nägele. »Wenn Ihr direkter Vorgesetzter sich unverschämt und chauvinistisch verhält, tut es sein Vorgesetzter oft auch.« Gerade in kleineren Unternehmen kann die Beschwerde beim Geschäftsführer also auch nach hinten losgehen. Der Mitarbeiter muss dann mit weiteren Repressalien rechnen.

Daher gilt: Ehe Sie sich an die Unternehmensleitung wenden, sichern Sie sich ab. Welche Personen in der Unternehmensleitung gilt es zu meiden, von welchen ist Hilfe zu erwarten? Ihren Brief schicken Sie an eine aus Ihrer Sicht besonders vertrauenswürdige Person.

### Ziehen Sie vor Gericht

Wenn alle Versuche fehlschlagen, das Problem innerbetrieblich zu lösen, können Sie sich externe Hilfe holen. Machen Sie sich allerdings bewusst, dass Sie nun wirklich ganz schwere Geschütze auffahren und sich entsprechend noch besser vorbereiten müssen. Gehen Sie Ihre Situation noch einmal genau durch: Haben Sie genügend Zeugen und Belege, die Ihre Anschuldigungen stützen? Haben Sie einen Rechtsvertreter mit vertrauenswürdiger Vita?

Können Sie alle Fragen mit »Ja« beantworten, ist jetzt der richtige Zeitpunkt, dem Geschäftsführer Ihres Unternehmens und dem Vorgesetzten, der Sie quält, eine Unterlassungsklage zuzusenden. Dafür übergeben Sie Ihrem Anwalt alle Belege und Dokumente und sagen ihm, was Ihr Vorgesetzter künftig unterlassen soll. Ihr Rechtsvertreter stellt eine entsprechende Klage aus und sendet sie an das zuständige Arbeitsgericht in Ihrer Region.

Dieses macht zunächst einen sogenannten Gütetermin: eine Verhandlung mit dem Ziel einer Einigung. Der Arbeitgeber kann sich verpflichten, der Unterlassungsforderung nachzukommen. In diesem Fall entstehen keine Gerichtskosten. Die Anwaltskosten trägt ohnehin jede Partei selbst.

Ist eine gütliche Einigung nicht möglich, macht das Gericht einen zweiten Termin und stellt am Ende der Verhandlung ein Urteil aus. Für dieses sind unter anderem folgende Fragen ausschlaggebend: Ist der Mitarbeiter überempfindlich oder ist die Arbeitsatmosphäre tatsächlich unerträglich? Wie groß ist die Gefahr, dass sich das in der Unterlassungsklage erwähnte Problem wiederholt?

Gibt das Gericht dem Angestellten recht, ist der Vorgesetzte verpflichtet, sein belastendes Verhalten abzustellen. Verstößt er gegen diese Auflage, zahlt er bis zu 25 000 Euro Strafe. Das Geld bekommt nicht der Angestellte, sondern der Staat.

Bei extremen Formen von Belästigung und Beleidigung können Sie noch drastischere Mittel ergreifen. »Wenn Sie Ihr Chef vor großem Publikum mit besonders schlimmen sexistischen oder rassistischen Sprüchen quält, ist möglicherweise eine Strafanzeige angemessen«, sagt Nägele.

In diesem Fall befasst sich die Staatsanwaltschaft mit Ihrem Problem, und Sie müssen all Ihre Anschuldigungen akribisch belegen. Bei einer Verurteilung drohen Ihrem Chef äußerst ernste Konsequenzen: Möglich sind eine Geldstrafe in Höhe von bis zu einem Jahresgehalt, ein Vorstrafen-Eintrag im Zentralregister und theoretisch auch eine Gefängnisstrafe von bis zu einem Jahr. »Letztere ist allerdings extrem unwahrscheinlich«, sagt Nägele.

**Wenn Sie es gar nicht aushalten: Kündigen Sie lieber**

Es klingt banal, da aber viele Betroffene diesen Schritt zu spät oder gar nicht erwägen, sei er hier noch einmal ausdrücklich erwähnt: Wenn Sie bereits eine Strafanzeige oder eine Unterlassungsklage im Kopf durchspielen, ist das Verhältnis zu Ihrem Arbeitgeber vermutlich irreparabel. Sie sollten dann genau abwägen, ob Sie sich den Rechtsstreit wirklich noch antun – oder lieber gleich kündigen.

»Es ist äußerst ungesund, sich über längere Zeit einem hohen sozialen Stress auszusetzen«, sagt Arbeitspsychologe Zapf. »Sollten Sie es im Job partout nicht aushalten, gehen Sie lieber sofort.«

Auch Nägele rät, diese Option zu erwägen. »Aus taktischen Gründen empfiehlt es sich zwar, rechtliche Maßnahmen zu ergreifen – und den Arbeitgeber dazu zu zwingen, Ihnen zu kündigen, in der Erwartung, eine Abfindung verhandeln zu können«, sagt der Arbeitsrechtler. »Sie sollten aber genau überlegen, ob die möglicherweise monatelange Qual das Geld wirklich wert ist.«

Wenn Sie Ihre Anschuldigungen hieb- und stichfest belegen können – Ihre Gewinnchancen vor Gericht also hoch sind –, gibt es noch eine andere Möglichkeit: »Sie können fristlos kündigen und von Ihrem Arbeitgeber für den Gehaltsausfall für eine Übergangszeit Schadenersatz verlangen«, sagt Nägele.

# Literatur- und Medienverzeichnis

Abati, Viviana Simonetta: Sozialkompetenz von Führungskräften – Vergleich von Selbstbild und Fremdbild, unveröffentlichte Diplomarbeit, 2001

Bastians, Frauke: YouGov PeopleIndex 2008, psychonomics AG, 2008

Bredemeier, Karsten: Nie wieder sprachlos, Orell Füssli, 2001

Bredemeier, Karsten: Schlagfertigkeit. Das Arbeitsbuch, Orell Füssli, 2001

Bredemeier, Karsten: Schwarze Rhetorik. Macht und Magie der Sprache, Orell Füssli, 2002

Elliot, Jay; Simon, William: Steve Jobs. iLeadership. Mit Charisma und Coolness an die Spitze, Ariston, 2011

Heidtmann, Jan; Nolte, Barbara: Die da oben. Innenansichten aus deutschen Chefetagen, Suhrkamp, 2009

Hilb, Martin: Innere Kündigung: Ursachen und Lösungsansätze, Industrielle Organisation, 1992

Kafka, Franz: Die Verwandlung, Kurt Wolff Verlag, 1916

Kanter, Rosabeth Moss: How the top is different. In: Staw, B. M. (Herausgeber): Psychological Foundations of Organizational Behavior, Glenview: Foresman, 1983, 207–214

Kaube, Jürgen: Nur immer weiter im Text, »Frankfurter Allgemeine Zeitung«, 7. September 2011

Kaufman, Charlie: Being John Malkovich, UIP, 1999

Mehdorn, Hartmut; Müller-Vogg, Hugo: Diplomat wollte ich nie werden, Hoffmann und Campe, 2007

Nink, Marco: Gallup Engagement Index 2010, Studie, 2010

Schardien, Patrick: Unzufriedenheitsfaktor Nummer 1: der Chef. Erste Ergebnisse der RUB-Online-Befragung, Ruhr-Universität Bochum, 2009, http://www.pm.ruhr-uni-bochum.de/pm2009/msg00257.htm (letzter Aufruf: 10. September 2011)

Schulz von Thun, Friedemann: Miteinander reden: Störungen und Klärungen. Psychologie der zwischenmenschlichen Kommunikation. Rowohlt, 1981

# Danksagung

Folgenden Menschen möchte ich für ihre Unterstützung bei Recherchen, beim Gegenlesen und bei der Organisation und Durchführung dieses Buchprojekts danken:

Viviana Abati, Katharina Baumann, Andreas Borcholte, Karsten Bredemeier, Iris Carstensen, Rüdiger Ditz, Sophie Ewald, Inês Fraga, Sandra Heinrici, Ralf Husmann, Hauke Janssen, Johannes Jeglinski, Volker Kitz, Rüdiger Klepsch, Torben Kneisler, Joana Klotz, Jochen Leffers, Rainer Lübbert, Angelika Mette, Maren Mossig, Stefan Nägele, Stephan Orth, Brigitte Rolofs, Yasmin Stokinger, Jörn Sucher, Christian Teevs, Anselm Waldermann und Dieter Zapf.

Großer Dank gebührt freilich auch den SPIEGEL-ONLINE-Lesern, die die Sprüche ihrer Chefs eingeschickt haben.

Nicht zuletzt sei dem Central-Park Beach Club gedankt, in dem ich große Teile des Buchs geschrieben habe. Hoffentlich wird es auch in den nächsten Sommern noch möglich sein, dort Bücher zu schreiben. Derzeit überlegt die Stadt, das Grundstück an eine Dönerfabrik zu verpachten.

Christian Sprang / Matthias Nöllke. Aus die Maus. Ungewöhnliche Todesanzeigen. KiWi 1127
Verfügbar auch als 🕮Book

Wer Todesanzeigen genau liest, findet große Gefühle,
Rätselhaftes, Skurriles – und sehr viel Komik. Dieses Buch
stellt die interessantesten Fundstücke vor. Sie zeichnen
ein ungewöhnliches Bild vom Leben und Sterben in diesem Land, das zu tröstender Erkenntnis und befreiendem
Lachen führt. Schließlich gilt, wie es in einer Anzeige
heißt: »Wer nicht stirbt, hat nie gelebt«.

www.kiwi-verlag.de KiWi PAPERBACK

Christian Sprang / Matthias Nöllke. Wir sind unfassbar.
Neue ungewöhnliche Todesanzeigen. KiWi 1176
Verfügbar auch als eBook

»Aus die Maus« war der Überraschungsbestseller. Hunderttausende Leser haben über die ungewöhnlichen Todesanzeigen gestaunt, gelacht und den Kopf geschüttelt. Inzwischen haben die Autoren Tausende Anzeigen von Lesern
zugesandt bekommen. Dieser Band stellt die besten vor,
Fundstücke aus der Tagespresse und Meisterwerke aus
Privatsammlungen. Die Lektüre verrät dem Leser mehr
über den Tod – und über das Leben.

www.kiwi-verlag.de

Martin Doerry/Markus Verbeet (Hg.). Wie gut ist Ihre Allgemeinbildung? Der große SPIEGEL-Wissenstest zum Mitmachen. KiWi 1162. Verfügbar auch als 🔲Book

**Nur Mut – testen Sie jetzt Ihr Allgemeinwissen!**

Über 600.000 Leser haben am großen SPIEGEL-Wissenstest im Internet teilgenommen, dem bisher größten Test
des Allgemeinwissens in Deutschland. Nur 26 von ihnen
konnten alle Fragen richtig beantworten. Und wie steht
es um Ihre Allgemeinbildung?

www.kiwi-verlag.de

# Testen Sie auch Ihr Wissen über die Welt von heute und gestern!

Martin Doerry/Markus Verbeet.
Wie gut ist Ihre Allgemeinbildung?
Geschichte. Der große SPIEGEL-
Wissenstest zum Mitmachen.
KiWi 1191. Verfügbar auch als eBook

Martin Doerry/Markus Verbeet.
Wie gut ist Ihre Allgemeinbildung?
Politik & Gesellschaft. Der große
SPIEGEL-Wissenstest zum Mitmachen.
KiWi 1192. Verfügbar auch als eBook

Martin Doerry/Markus Verbeet.
Wie gut ist Ihre Allgemeinbildung?
Kultur. Der große SPIEGEL-Wissens-
test zum Mitmachen. KiWi 1235.
Verfügbar auch als eBook

Martin Doerry/Markus Verbeet.
Wie gut ist Ihre Allgemeinbildung?
Religion. Der große SPIEGEL-Wissens-
test zum Mitmachen. KiWi 1236.
Verfügbar auch als eBook

www.kiwi-verlag.de

# Spaß und Lernerfolg garantiert!

Bastian Sick. Wie gut ist Ihr Deutsch? Der große Test.
KiWi 1233. Verfügbar auch als 📘Book

Wie lautet die Mehrzahl von Oktopus? Was ist ein Pran-
zer? Wofür stand die Abkürzung SMS vor hundert Jahren?
Und ist Brad Pitt nun der gutaussehendste, bestaussse-
hendste oder am besten aussehende Filmstar unserer
Zeit? Der große Deutschtest von Bestsellerautor Bastian
Sick versammelt spannende Fragen aus dem Fundus der
Irrungen und Wirrungen unseres Sprachalltags.